普通高等教育"十三五"规划教材

电气传动系统综合实训教程

主　编　王华斌

副主编　张跃辉　李正中

U0342185

北　京

冶金工业出版社

2017

内 容 提 要

双闭环直流调速系统是最经典的电气传动系统,模拟式系统的调试学习是大学本科生迈入"电气传动大门"的基础,全数字化电气传动系统是目前行业中的主流。本书以广泛使用的 DJDK-1 型直流调速系统为例,阐述了模拟式系统的设计与调试技巧;以在石油与冶金行业中占主导地位的西门子工业控制设备为例,介绍了数字式系统的实际操作与调试方法。

本书可作为自动化、电气工程及自动化、机械电子工程等本科专业学生的教材,也可作为高职高专相关专业实训阶段教材,并对从事电气控制系统设计、调试的技术人员也有一定的参考价值。

图书在版编目(CIP)数据

电气传动系统综合实训教程/王华斌主编. —北京:
冶金工业出版社,2017.7
普通高等教育"十三五"规划教材
ISBN 978-7-5024-7527-7

Ⅰ.①电… Ⅱ.①王… Ⅲ.①电力传动系统—高等
学校—教材 Ⅳ.①TM921.4

中国版本图书馆 CIP 数据核字(2017)第 134992 号

出 版 人 谭学余
地   址 北京市东城区嵩祝院北巷 39 号 邮编 100009 电话 (010)64027926
网   址 www.cnmip.com.cn 电子信箱 yjcbs@ cnmip.com.cn
责任编辑 郭冬艳 美术编辑 彭子赫 版式设计 孙跃红
责任校对 郑 娟 责任印制 牛晓波
ISBN 978-7-5024-7527-7
冶金工业出版社出版发行;各地新华书店经销;三河市双峰印刷装订有限公司印刷
2017 年 7 月第 1 版,2017 年 7 月第 1 次印刷
787mm×1092mm 1/16;9 印张;216 千字;134 页
29.00 元

冶金工业出版社 投稿电话 (010)64027932 投稿信箱 tougao@cnmip.com.cn
冶金工业出版社营销中心 电话 (010)64044283 传真 (010)64027893
冶金书店 地址 北京市东四西大街46 号(100010) 电话 (010)65289081(兼传真)
冶金工业出版社天猫旗舰店 yjgycbs.tmall.com
(本书如有印装质量问题,本社营销中心负责退换)

前　言

　　电气传动是以电动机的转矩、转速及转子位置为控制对象，按生产机械工艺要求进行电动机转速控制、位置控制及伺服传动的自动化系统。该技术涉及电力电子学、电机学、自动控制原理、电子技术、PLC 电气控制以及网络通讯等多学科知识，初学者普遍反应学习难度较大。为此编者结合多年的工程经验及电气自动化的教学经验，组织相关人员编写了本实训教程，旨在帮助学生或具有一定电气传动基础的工程技术人员较快地掌握电气传动控制系统的调速技巧。

　　本教程主要介绍了电气传动控制系统的实用技术，从应用、实际操作的角度进行分析讲解，理论联系实际，以实际应用为出发点，定性地进行理论分析，在内容安排上侧重于介绍实际应用与调试方法。主要内容分为模拟式系统与全数字式系统两部分：第 1 部分为模拟式电气传动控制系统，包括第 1~5 章，主要介绍了 DJDK-1 型直流调速系统的设计与调试技巧；第 2 部分为西门子全数字式电气传动控制系统，包括第 6~12 章，主要介绍了西门子公司的全数字电气传动系统的设计与调试技巧；第 13 章为 3 个综合训练设计任务。

　　本书第 8 章由李正中编写，第 11 章由张跃辉编写，其余章节由王华斌编写，苏盈盈对全稿做了校订。在编写过程中得到了李鹏飞、宋乐鹏、刘显荣、汤毅、苏盈盈大力支持，他们提供了部分资料，同时本书参考了西门子公司网上的部分资料，在此表示感谢！

　　由于作者水平有限，书中难免存在不妥之处，恳请读者批评指正。

编　者

2017.3

目　录

DJDK-1 型直流调速系统简介

1.1 控制屏介绍

1.1.1 特点

（1）设计装置采用挂件结构，可根据不同设计内容进行自由组合，故结构紧凑、使用方便、功能齐全、综合性能好，能够很好地完成"直流调速系统"课程设计。

（2）设计装置占地面积小，节约设计室用地，无需设置电源控制屏、电缆沟、水泥墩等，可减少基建投资；设计装置只需三相四线的电源即可投入使用，设计室建设周期短、见效快。

（3）设计机组容量小、耗电小、配置齐全；装置使用的电机经过特殊设计，其参数特性能模拟 3kW 左右的通用设计机组。

（4）装置布局合理，外形美观，面板示意图明确、清晰、直观；设计连接线采用强、弱电分开的手枪式插头，两者不能互插，避免强电接入弱电设备，造成该设备损坏；电路连接方式安全、可靠、迅速、简便；除电源控制屏和挂件外，还设置有设计桌，桌面上可放置机组、示波器等设计仪器，操作舒适、方便；电机采用导轨式安装，更换机组简捷、方便；设计台底部安装有轮子和不锈钢固定调节机构，便于移动和固定。

（5）控制屏供电采用三相隔离变压器隔离，设有电压型漏电保护装置和电流型漏电保护装置，切实保护操作者的安全，为开放性的设计室创造了安全条件。

（6）挂件面板分为三种接线孔——强电、弱电及波形观测孔，三者有明显的区别，不能互插。

（7）设计线路选择紧跟教材的变化，完全配合教学内容，满足教学大纲要求。

1.1.2 技术参数

（1）输入电压：三相四线制，（380±10%）V，50Hz。

（2）工作环境：环境温度范围为-5~40℃，相对湿度<75%，海拔<1000m。

（3）装置容量：<1.5kV·A。

（4）电机输出功率：<200W。

（5）外形尺寸：长×宽×高 = 1870mm×730mm×1600mm，见图 1-1。

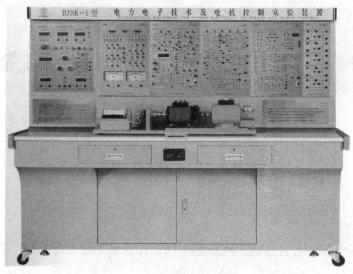

图 1-1　DJDK-1 电力电子技术及电机控制实验装置外形图

1.2　DJK01 电源控制屏

电源控制屏主要为实验提供各种电源，如三相交流电源、直流励磁电源等；同时为实验提供所需的仪表，如直流电压、电流表，交流电压、电流表。屏上还设有定时器兼报警记录仪，供教师考核学生实验之用；在控制屏正面的大凹槽内，设有两根不锈钢管，可挂置实验所需挂件，凹槽底部设有 12 芯、10 芯、4 芯、3 芯等插座，从这些插座提供有源挂件的电源；在控制屏两边设有单相三极 220V 电源插座及三相四极 380V 电源插座，此外还设有供实验台照明用的 40W 日光灯。如图 1-2 所示。

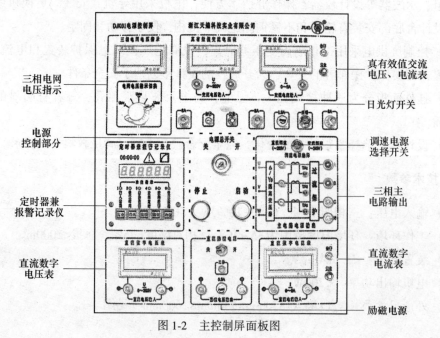

图 1-2　主控制屏面板图

1.2.1　三相电网电压指示

三相电网电压指示主要用于检测输入的电网电压是否有缺相的情况，操作交流电压表下面的切换开关，观测三相电网各线间电压是否平衡。

1.2.2　定时器兼报警记录仪

平时作为时钟使用，具有设定实验时间、定时报警和切断电源等功能，它还可以自动记录由于接线操作错误所导致的告警次数（具体操作方法详见 DJDK-1 型电力电子技术及电机控制实验装置使用说明书）。

1.2.3　电源控制部分

它的主要功能是控制电源控制屏的各项功能，由电源总开关、启动按钮及停止按钮组成。当打开电源总开关时，红灯亮；当按下启动按钮后，红灯灭，绿灯亮，此时控制屏的三相主电路及励磁电源都有电压输出。

1.2.4　三相主电路输出

三相主电路输出可提供三相交流 200V/3A 或 240V/3A 电源。输出的电压大小由"调速电源选择开关"控制，当开关置于"直流调速"侧时，A、B、C 输出线电压为 200V，可完成电力电子实验以及直流调速实验；当开关置于"交流调速"侧时，A、B、C 输出线电压为 240V，可完成交流电机调压调速及串级调速等实验。在 A、B、C 三相附近装有黄、绿、红发光二极管，用以指示输出电压。同时在主电源输出回路中还装有电流互感器，电流互感器可测定主电源输出电流的大小，供电流反馈和过流保护使用，面板上的 TA_1、TA_2、TA_3 三处观测点用于观测三路电流互感器输出电压信号。

1.2.5　励磁电源

在按下启动按钮后将励磁电源开关拨向"开"侧，则励磁电源输出为 220V 的直流电压，并有发光二极管指示输出是否正常，励磁电源由 0.5A 熔丝做短路保护。由于励磁电源的容量有限，仅作为直流电机提供励磁电流，一般不能作为大电流的直流电源使用。

1.2.6　面板仪表

面板下部设置有 ±300V 数字式直流电压表和 ±5A 数字式直流电流表，精度为 0.5 级，能为可逆调速系统提供电压及电流指示；面板上部设置有 500V 真有效值交流电压表和 5A 真有效值交流电流表，精度为 0.5 级，供交流调速系统实验时使用。

1.3　各挂件功能介绍

以挂件的编号次序分别介绍其使用方法，并简单说明其工作原理及单元电路原理图。

1.3.1　DJK02 挂件（晶闸管主电路）

DJK02 挂件装有 12 只晶闸管、直流电压和电流表等，其面板如图 1-3 所示。

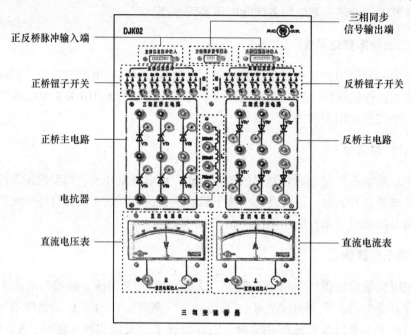

图 1-3　三相变流桥路面板图

1.3.1.1　三相同步信号输出端

同步信号是从电源控制屏内获得，屏内装有△/Y 接法的三相同步变压器，和主电源输出同相，其输出相电压幅度为 15V 左右，供 DJK02-1 内的 KC04 集成触发电路，产生移相触发脉冲。只要将本挂件的 12 芯插头与屏相连接，则输出相位一一对应的三相同步电压信号。

1.3.1.2　正、反桥脉冲输入端

从 DJK02-1 来的正、反桥触发脉冲分别通过输入接口，加到相应的晶闸管电路上。

1.3.1.3　正、反桥钮子开关

从正、反桥脉冲输入端来的触发脉冲信号通过"正、反桥钮子开关"接至相应晶闸管的门极和阴极。面板上共设有十二个钮子开关，分为正、反桥两组，分别控制对应的晶闸管的触发脉冲。开关打到"通"侧，触发脉冲接到晶闸管的门极和阴极；开关打到"断"侧，触发脉冲被切断。通过钮子开关的拨动可以模拟晶闸管失去脉冲的故障情况。

1.3.1.4　三相正、反桥主电路

正桥主电路和反桥主电路分别由六只 5A/1000V 晶闸管组成，其中由 $VT_1 \sim VT_6$ 组成正桥元件（一般不可逆、可逆系统的正桥使用正桥元件），由 $VT_1' \sim VT_6'$ 组成反桥元件（可逆系统的反桥以及需单个或几个晶闸管的实验可使用反桥元件）。所有这些晶闸管元件均配置有阻容吸收及快速熔断丝保护，此外正桥还设有压敏电阻接成三角形，起过压吸收。

1.3.1.5 电抗器

实验主回路中所使用的平波电抗器装在电源控制屏内，其各引出端通过 12 芯的插座连接到 DJK02 面板的中间位置，有 3 挡电感量可供选择，分别为 100mH、200mH、700mH（各档在 1A 电流下能保持线性），可根据实验需要选择合适的电感值。电抗器回路中串有 3A 熔丝保护，熔丝座装在电抗器旁。

1.3.1.6 直流电压表及直流电流表

面板上装有 ±300V 的带镜面直流电压表、±2A 的带镜面直流电流表，均为中零式，精度为 1.0 级，为可逆调速系统提供电压及电流指示。

1.3.2 DJK02-1 挂件（三相晶闸管触发电路）

该挂件装有三相触发电路和正反桥功放电路等，面板图如图 1-4 所示。

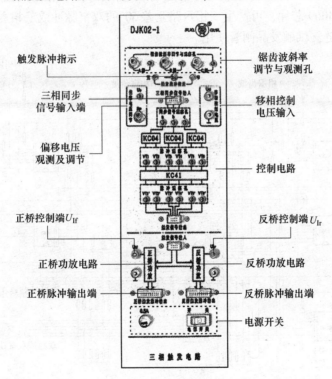

图 1-4 三相触发电路面板图

1.3.2.1 移相控制电压 U_{ct} 输入及偏移电压 U_b 观测及调节

U_{ct} 及 U_b 用于控制触发电路的移相角。在一般的情况下，我们首先将 U_{ct} 接地，调节 U_b，以确定触发脉冲的初始位置。当初始触发角定下后，在以后的调节中只调节 U_{ct} 的电压，这样确保移相角不会大于初始位置，如在逆变实验中初始移相角 $\alpha=150°$ 定下后，无论怎样调节 U_{ct}，都能保证 $\beta>300$，防止出现逆变颠覆的情况。

1.3.2.2 触发脉冲指示

在触发脉冲指示处设有钮子开关用以控制触发电路。开关拨到左边，绿色发光管亮，在触发脉冲观察孔处可观测到后沿固定而前沿可调的宽脉冲链；开关拨到右边，红色发光管亮，触发电路产生互差60°的双窄脉冲。

1.3.2.3 三相同步信号输入端

通过专用的十芯扁平线将 DJK02 上的"三相同步信号输出端"与 DJK02-1"三相同步信号输入端"连接，为其内部的触发电路提供同步信号。同步信号也可以从其他地方提供，但要注意相序的问题。

1.3.2.4 锯齿波斜率调节与观测孔

打开挂件的电源开关，由外接同步信号经 KC04 集成触发电路，产生三路锯齿波信号，调节相应的斜率调节电位器，可改变相应的锯齿波斜率。三路锯齿波斜率应保证基本相同，使六路触发信号保持同时出现，且双窄脉冲间隔基本一致。

1.3.2.5 控制电路

其线路原理如图1-5所示。在由原 KC04、KC41 和 KC42 三相集成触发电路的基础上，又增加了4066、4069芯片，可产生三相六路互差60°的双窄脉冲或三相六路后沿固定、前沿可调的宽脉冲链，供触发晶闸管使用。

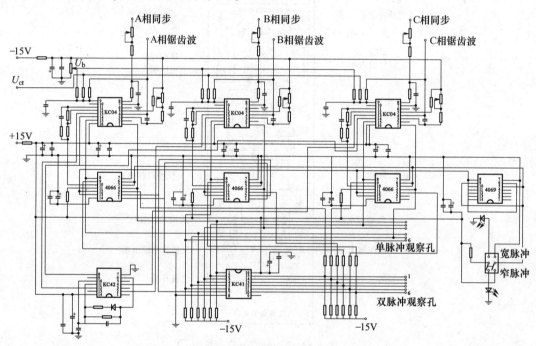

图1-5 触发电路原理图

在面板上设有三相同步信号观测孔、两路触发脉冲观测孔。$VT_1 \sim VT_6$ 为单脉冲观测孔（在触发脉冲指示为"窄脉冲"）或宽脉冲观测孔（在触发脉冲指示为"窄脉冲"）；$VT_1' \sim VT_6'$ 为双脉冲观测孔（在触发脉冲指示为"窄脉冲"）或宽脉冲观测孔（在触发脉冲指示为"窄脉冲"）。

三相同步电压信号从每个 KC04 的"8"脚输入，在其"4"脚相应形成线性增加的锯齿波，移相控制电压 U_{ct} 和偏移电压 U_b 经叠加后，从"9"脚输入。当触发脉冲选择的钮子开关拨到窄脉冲侧时，通过控制4066（电子开关），使得每个 KC04 从"1、15"脚输出相位相差180°的单窄脉冲（可在上面的脉冲观测孔观测到），窄脉冲经 KC41（六路双脉冲形成器）后，得到六路双窄脉冲（可在下面的脉冲观测孔观测到）。将钮子开关拨到宽脉冲侧时，通过控制 4066，使得 KC04 的 "1、15" 脚输出宽脉冲，同时将 KC41 的控制端 "7" 脚接高电平，使 KC41 停止工作，宽脉冲则通过 4066 的 "3、9" 两脚直接输出。

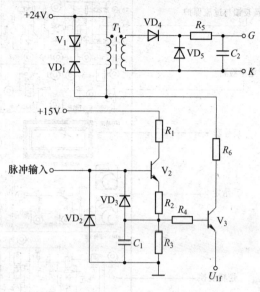

4069 为反相器，它将部分控制信号反相，控制 4066。KC42 为调制信号发生器，对窄脉冲和宽脉冲进行高频调制。具体有关 KC04、KC41、KC42 的内部电路原理图，请查阅电力电子技术相关教材中的内容。

1.3.2.6 正、反桥功放电路

正、反桥功放电路的原理以正桥的一路为例，如图 1-6 所示。由触发电路输出的脉冲信号经功放电路中的 V_2、V_3 三极管放大后由脉冲变压器 T_1 输出。U_{lf} 即为 DJK02 面板上的 U_{lf}，接地才可使 V_3 工作，脉冲变压器输出脉冲；正桥共有六路功放电路，其余的五路电路完全与这一路一致；反桥功放和正桥功放线路完全一致，只是控制端不一样，将 U_{lf} 改为 U_{lr}。

图 1-6　功放电路原理图

1.3.2.7 正桥控制端 U_{lf} 及反桥控制端 U_{lr}

这两个端子用于控制正反桥功放电路的工作与否。当端子与地短接，表示功放电路工作，触发电路产生的脉冲经功放电路从正反桥脉冲输出端输出；悬空表示功放不工作。U_{lf} 控制正桥功放电路，U_{lr} 控制反桥。

1.3.2.8 正、反桥脉冲输出端

经功放电路放大的触发脉冲，通过专用的 20 芯扁平线将 DJK02 "正反桥脉冲输入端"与 DJK02-1 上的 "正反桥脉冲输出端" 连接，为其晶闸管提供相应的触发脉冲。

1.3.3 DJK04 挂件（电机调速控制实验 I）

该挂件主要完成电机调速实验，如单闭环直流调速实验、双闭环直流调速实验、逻辑无环流等实验。同时和其他挂件配合可增加实验项目，如与 DJK18 配合使用就可以完成三闭环错位选触无环流可逆直流调速系统实验。DJK04 的面板图如图 1-7 所示。

1.3.3.1 电流反馈与过流保护

该单元有两个功能，一是检测主电源输出的电流反馈信号，二是当主电源输出电流超过某一设定值时发出过流信号切断电源。其原理如图 1-8 所示。

TA_1、TA_2、TA_3 为电流互感器的输出端，它的电压高低反映三相主电路输出的电流大小，面板上的三个圆孔均为观测孔，不需再外部进行接线，只要将 DJK04 挂件的十芯电源线与插座相连接，那么 TA_1、TA_2、TA_3 就与屏内的电流互感器输出端相连，当打开

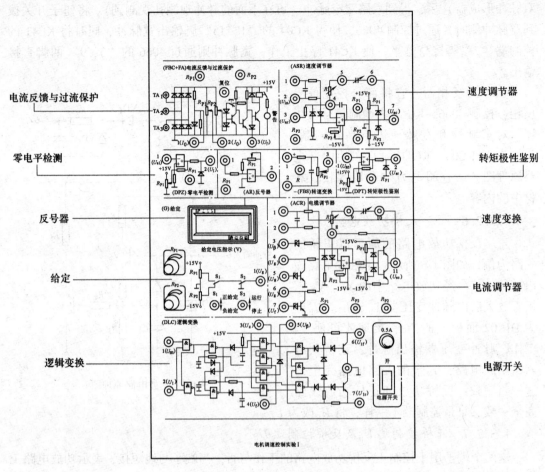

图 1-7   DJK04 面板图

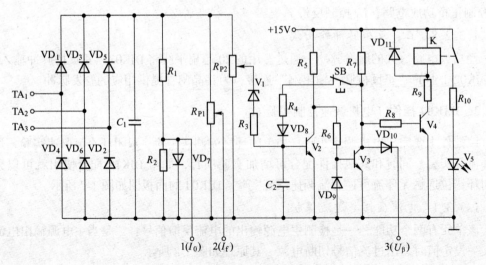

图 1-8   电流反馈与过流保护原理图

挂件电源开关,过流保护即处于工作状态。

(1) 电流反馈与过流保护的输入端 TA₁、TA₂、TA₃,来自电流互感器的输出端,反映负载电流大小的电压信号经三相桥式整流电路整流后加至 R_{P1}、R_{P2}，及 R_1、R_2、VD_7 组成的 3 条支路上，其中：

1) R_2 与 VD_7 并联后再与 R_1 串联，在其中点取零电流检测信号从 1 脚输出，供零电平检测用。当电流反馈的电压比较低的时候，"1" 端的输出由 R_1、R_2 分压所得，VD_7 截止；当电流反馈的电压升高的时候，"1" 端的输出也随着升高，当输出电压接近 0.6V 左右时，VD_7 导通，使输出始终保持在 0.6V 左右。

2) 将 R_{P1} 的滑动抽头端输出作为电流反馈信号，从 "2" 端输出，电流反馈系数由 R_{P1} 进行调节。

3) R_{P2} 的滑动触头与过流保护电路相连，调节 R_{P2} 可调节过流动作电流的大小。

(2) 当电路开始工作时，由于电容 C_2 的存在，V_3 先与 V_2 导通，V_3 的集电极低电位，V_4 截止，同时通过 R_4、VD_8 将 V_2 基极电位拉低，保证 V_2 一直处于截止状态。

(3) 当主电路电流超过某一数值后，R_{P2} 上取得的过流电压信号超过稳压管 V_1 的稳压值，击穿稳压管，使三极管 V_2 导通，从而 V_3 截止，V_4 导通使继电器 K 动作，控制屏内的主继电器掉电，切断主电源，挂件面板上的声光报警器发出告警信号，提醒操作者实验装置已过流跳闸。调节 R_{P2} 的抽头的位置，可得到不同的电流报警值。

(4) 过流的同时，V_3 由导通变为截止，在集电极产生一个高电平信号从 "3" 端输出，作为推 β 信号供电流调节器使用。

(5) SB 为解除过流记忆的复位按钮，当过流故障已经排除，则须按下 SB 以解除记忆，才能恢复正常工作。当过流动作后，电源通过 SB、R_4、VD_8 及 C_2 维持 V_2 导通，V_3 截止、V_4 导通、继电器保持吸合，持续报警。只有当按下 SB 后，V_2 基极失电进入截止状态，V_3 导通、V_4 截止，电路才恢复正常。

元件 R_{P1}、R_{P2}、SB 均安装在该挂箱的面板上，以方便操作。

1.3.3.2　给定

给定的原理图如图 1-9 所示。

电压给定由两个电位器 R_{P1}、R_{P2} 及两个钮子开关 S_1、S_2 组成。S_1 为正、负极性切换开关，输出的正、负电压的大小分别由 R_{P1}、R_{P2} 来调节，其输出电压范围为 $0 \sim \pm 15V$，S_2 为输出控制开关，打到 "运行" 侧，允许电压输出，打到 "停止" 侧，则输出为零。

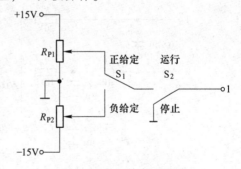

图 1-9　电压给定原理图

按以下步骤拨动 S_1、S_2，可获得以下信号：

(1) 将 S_2 打到 "运行" 侧，S_1 打到 "正给定" 侧，调节 R_{P1} 使给定输出一定的正电压，拨动 S_2 到 "停止" 侧，此时可获得从正电压突跳到 0V 的阶跃信号，再拨动 S_2 到 "运行" 侧，此时可获得从 0V 突跳到正电压的阶跃信号。

(2) 将 S_2 打到 "运行" 侧，S_1 打到 "负给定" 侧，调节 R_{P2} 使给定输出一定的负电压，拨动 S_2 到 "停止" 侧，此时可获得从负电压突跳到 0V 的阶跃信号，再拨动 S_2 到 "运行" 侧，此时可获得从 0V 突跳到负电压的阶跃信号。

(3) 将 S_2 打到 "运行" 侧，拨动 S_1，分别调节 R_{P1} 和 R_{P2} 使输出一定的正负电压，

当 S_1 从"正给定"侧打到"负给定"侧，得到从正电压到负电压的跳变。当 S_1 从"负给定"侧打到"正给定"侧，得到从负电压到正电压的跳变。

元件 R_{P1}、R_{P2}、S_1 及 S_2 均安装在挂件的面板上，方便操作。此外由一只 3 位半的直流数字电压表指示输出电压值。要注意的是不允许长时间将输出端接地，特别是输出电压比较高的时候，可能会将 R_{P1}、R_{P2} 损坏。

1.3.3.3 转速变换

转速变换用于有转速反馈的调速系统中，它将反映转速变化并与转速成正比的电压信号变换成适用于控制单元的电压信号。图 1-10 为其原理图。

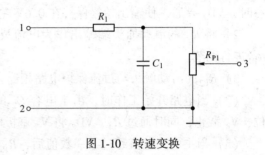

图 1-10 转速变换

使用时，将 DD03-2（或 DD03-3）导轨上的电压输出端接至转速变换的输入端"1"和"2"。输入电压经 R_1 和 R_{P1} 分压，调节电位器 R_{P1} 可改变转速反馈系数。

1.3.3.4 速度调节器

速度调节器的功能是对给定和反馈两个输入量进行加法、减法、比例、积分和微分等运算，使其输出按某一规律变化。速度调节器由运算放大器、输入与反馈环节及二极管限幅环节组成。其原理见图 1-11。

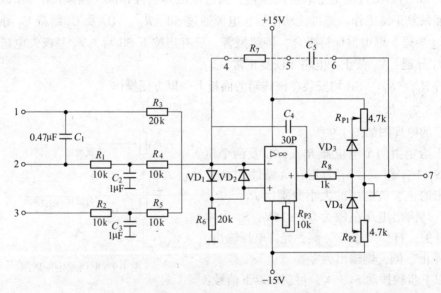

图 1-11 速度调节器原理图

在图 1-12 中"1、2、3"端为信号输入端，二极管 VD_1 和 VD_2 起运放输入限幅、保护运放的作用。二极管 VD_3、VD_4 和电位器 R_{P1}、R_{P2} 组成正负限幅可调的限幅电路。由 C_1、R_3 组成微分反馈校正环节，有助于抑制振荡，减少超调。R_7、C_5 组成速度环串联校正环节，其电阻、电容均从 DJK08 挂件上获得。改变 R_7 的阻值改变了系统的放大倍数，改变 C_5 的电容值改变了系统的响应时间。R_{P3} 为调零电位器。

电位器 R_{P1}、R_{P2}、R_{P3} 均安装面板上。电阻 R_7、电容 C_1 和电容 C_5 两端在面板上装有接线柱，可根据需要外接电阻及电容。

1.3.3.5 反号器

反号器由运算放大器及有关电阻组成，用于调速系统中信号需要倒相的场合，见图 1-12。

反号器的输入信号 U_1 由运算放大器的反相输入端输入，故输出电压 U_2 为：

$$U_2 = -(R_{P1} + R_3)/R_1 \times U_1$$

调节电位器 R_{P1} 的滑动触点，改变 R_{P1} 的阻值，使 $R_{P1}+R_3=R_1$，则：

$$U_2 = -U_1$$

输入与输出成倒相关系。电位器 R_{P1} 装在面板上，调零电位器 R_{P2} 装在内部线路板上。

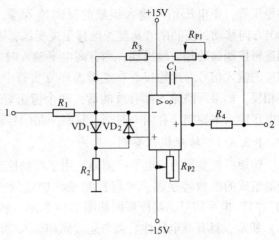

图 1-12 反号器原理图

1.3.3.6 电流调节器

电流调节器由运算放大器、限幅电路、互补输出、输入阻抗网络及反馈阻抗网络等环节组成，工作原理基本上与速度调节器相同，其原理图如图 1-13 所示。电流调节器也可当作速度调节器使用。元件 R_{P1}、R_{P2}、R_{P3} 均装在面板上，电容 C_1、电容 C_7 和电阻 R_{13} 的数值可根据需要，由外接电阻、电容来改变。

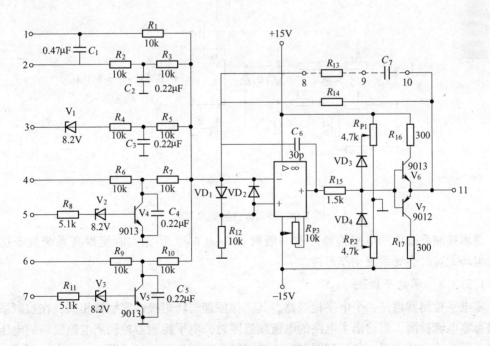

图 1-13 电流调节器原理

　　电流调节器与速度调节器相比，增加了几个输入端，其中"3"端接推β信号，当主电路输出过流时，电流反馈与过流保护的"3"端输出一个推β信号（高电平）信号，击穿稳压管，正电压信号输入运放的反向输入端，使调节器的输出电压下降，使α角向180°方向移动，使晶闸管从整流区移至逆变区，降低输出电压，保护主电路。"5、7"端接逻辑控制器的相应输出端，当有高电平输入时，击穿稳压管，三极管V_4、V_5导通，将相应的输入信号对地短接。在逻辑无环流实验中"4、6"端同为输入端，其输入的值正好相反，如果两路输入都有效的话，两个值正好抵消为零，这时就需要通过"5、7"端的电压输入来控制。在同一时刻，只有一路信号输入起作用，另一路信号接地不起作用。

1.3.3.7　转矩极性鉴别

　　转矩极性鉴别为一电平检测器，用于检测控制系统中转矩极性的变化。它是一个有比较器组成的模数转换器，可将控制系统中连续变化的电平信号转换成逻辑运算所需的"0""1"电平信号。其原理图如图1-14所示。转矩极性鉴别器的输入输出特性如图1-16（a）所示，具有继电特性。调节运放同相输入端电位器R_{P1}可以改变继电特性相对于零点的位置。继电特性的回环宽度为：

$$U_k = U_{sr2} - U_{sr1} = K_1(U_{scm2} - U_{scm1})$$

式中，K_1为正反馈系数，K_1越大，则正反馈越强，回环宽度就越小；U_{sr2}和U_{sr1}分别为输出由正翻转到负及由负翻转到正所需的最小输入电压；U_{scm1}和U_{scm2}分别为反向和正向输出电压。

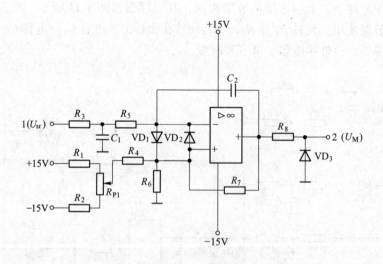

图1-14　转矩极性鉴别原理图

　　逻辑控制系统中的电平检测环宽一般取0.2~0.6V，环宽大时能提高系统抗干扰能力，但环太宽时会使系统动作迟钝。

1.3.3.8　零电平检测

　　零电平检测器也是一个电平检测器，其工作原理与转矩极性鉴别器相同，在控制系统中进行零电流检测，当输出主电路的电流接近零时，电平检测器检测到电流反馈的电压值也接近零，输出高电平。其原理图和输入输出特性分别如图1-15和图1-16（b）所示。

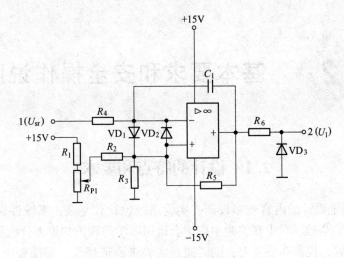

图 1-15 零电平检测器原理

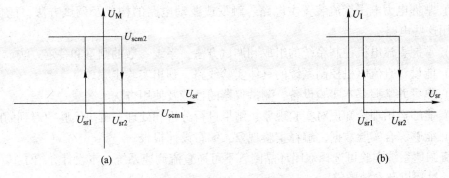

(a)   (b)

图 1-16 转矩极性鉴别及零电平检测输入输出特性

(a) 转矩极性检测；(b) 零电平检测

基本要求和安全操作说明

2.1 设计的特点和要求

直流调速系统设计的内容较多较新，实验系统也比较复杂，系统性较强，而理论教学则是实验教学的基础。学生在实验中应学会运用所学的理论知识去分析和解决实际系统中出现的各种问题，提高动手能力；同时通过实验来验证理论，促使理论和实践相结合，使认识不断提高、深化。具体地说，学生在完成指定的实验后，应具备以下能力：

（1）掌握电力电子变流装置主电路、触发或驱动电路的构成及调试方法，能初步设计和应用这些电路。

（2）掌握直流电机控制系统的组成和调试方法，系统参数的测量和整定方法。

（3）能设计直流电机控制系统的具体实验线路，列出实验步骤。

（4）熟悉并掌握基本实验设备、测试仪器的性能及使用方法。

（5）能够运用理论知识对实验现象、结果进行分析和处理，解决实验中遇到的问题。

（6）能够综合实验数据，解释实验现象，编写设计报告。

直流调速系统实验可选择双闭环晶闸管不可逆直流调速系统，本设计介绍了其设计方法和设计过程以及参数整定。

2.2 设计前的准备

设计准备即为设计的预习阶段，是保证设计能顺利进行的必要步骤。每次设计前都应先进行预习，从而提高设计质量和效率，否则就有可能在设计时不知如何下手，浪费时间，完不成设计要求，甚至有可能损坏设计装置。因此，设计前应做到：

（1）复习教材中与设计有关的内容，熟悉与本次设计相关的理论知识。

（2）阅读本教材中的设计指导，了解本次设计的目的和内容，掌握本次实验系统的工作原理和方法，明确设计过程中应注意的问题。

（3）写出预习报告，其中应包括设计系统的详细接线图、设计步骤、数据记录表格等。

（4）进行设计分组，一般情况下，直流调速系统设计的设计小组为每组2~3人。

2.3 设 计 实 施

在完成理论学习、设计预习等环节后，就可进入设计实施阶段。设计时要做到以下几点：

（1）设计开始前，指导教师要对学生的预习报告作检查，要求学生了解本次设计的目的、内容和方法，只有满足此要求后，方能允许设计。

（2）指导教师对设计装置作介绍，要求学生熟悉本次设计使用的设计设备、仪器，明确这些设备的功能与使用方法。

（3）按设计小组进行设计，设计小组成员应进行明确的分工，以保证设计操作协调，记录数据准确可靠，各人的任务应在设计进行中实行轮换，以便设计参加者能全面掌握设计技术，提高动手能力。

（4）按预习报告上的设计系统详细线路图进行接线，一般情况下，接线次序为先主电路，后控制电路；先串联，后并联。在进行调速系统设计时，也可由2人同时进行主电路和控制电路的接线。

（5）完成设计系统接线后，必须进行自查。串联回路从电源的某一端出发，按回路逐项检查各仪表、设备、负载的位置和极性等是否正确；并联支路则检查其两端的连接点是否在指定的位置。距离较远的两连接端必须选用长导线直接跨接，不得用2根导线在设计装置上的某接线端进行过渡连接。

（6）设计时，应按设计教材所提出的要求及步骤，逐项进行设计和操作。除做阶跃启动试验外，系统启动前，应使负载电阻值最大，给定电位器处于零位；测试记录点的分布应均匀；改接线路时，必须断开主电源方可进行。设计中应观察设计现象是否正常，所得数据是否合理，设计结果是否与理论相一致。

（7）完成本次设计全部内容后，应请指导教师检查设计数据、记录的波形。经指导教师认可后方可拆除接线，整理好连接线、仪器、工具，使之物归原位。

2.4 设 计 总 结

设计的最后阶段是设计总结，即对设计数据进行整理、绘制波形和图表、分析设计现象、撰写设计报告。每位设计参与者都要独立完成一份设计报告，设计报告的编写应持严肃认真、实事求是的科学态度。如设计结果与理论有较大出入时，不得随意修改设计数据和结果，不得用凑数据的方法来向理论靠拢，而是用理论知识来分析设计数据和结果，解释设计现象，找出引起较大误差的原因。

设计报告的一般格式如下：

（1）设计名称、专业、班级、设计学生姓名、同组者姓名和设计时间。

（2）设计目的、设计线路、设计内容。

（3）设计设备、仪器、仪表的型号、规格、铭牌数据及设计装置编号。

（4）设计数据的整理、列表、计算，并列出计算所用的计算公式。

（5）画出与设计数据相对应的特性曲线及记录的波形。

（6）用理论知识对设计结果进行分析总结，得出明确的结论。

（7）对设计中出现的某些现象、遇到的问题进行分析、讨论，写出心得体会，并对设计提出自己的建议和改进措施。

（8）设计报告应写在一定规格的报告纸上，保持整洁。

（9）每次设计每人独立完成一份报告，按时送交指导教师批阅。

2.5　安全操作规程

为了顺利完成电力电子技术及电机控制设计，确保设计时人身安全与设备可靠运行，要严格遵守如下安全操作规程：

（1）在设计过程时，绝对不允许设计人员双手同时接到隔离变压器的两个输出端，将人体作为负载使用。

（2）为了提高学生的安全用电常识，任何接线和拆线都必须在切断主电源后方可进行。

（3）为了提高设计过程中的效率，学生独立完成接线或改接线路后，应仔细再次核对线路，并使组内其他同学注意后方可接通电源。

（4）如果在设计过程中发生过流告警，应仔细检查线路以及电位器的调节参数，确定无误后方能重新进行设计。

（5）在设计中应注意所接仪表的最大量程，选择合适的负载完成设计，以免损坏仪表、电源或负载。

（6）电源控制屏以及各挂件所用保险丝规格和型号是经反复设计选定的，不得私自改变其规格和型号，否则可能会引起不可预料的后果。

（7）在完成电流、转速闭环设计前一定要确保反馈极性是否正确，应构成负反馈，避免出现正反馈，造成过流。

（8）除做阶跃起动试验外，系统起动前负载电阻必须放在最大阻值，给定电位器必须退回至零位后，才允许合闸起动并慢慢增加给定，以免元件和设备过载损坏。

（9）在直流电机启动时，要先开励磁电源，后加电枢电压。在完成设计时，要先关电枢电压，再关励磁电源。

2.6　性　能　指　标

转速、电流双闭环不可逆直流调速系统是自动控制系统的一种典型系统。这种调速系统只有调节器，即速度调节器（ST）电流调节器（LT），两个调节器作串级连接，其中把速度调节器（ST）的输出信号作为电流调节器（LT）的输入信号，从而形成一环套一环的转速、电流双闭环结构。这种转速、电流双闭环调速系统，在突加转速给定信号的过渡过程中表现为一个恒电流加速系统，而在稳态和接近稳态的运行中又表现为一个无静差调速系统，因此各项性能指标较系统开环时提高许多。

此综合训练的目的就是同学们在调试、设计一个典型的调速系统后，能够掌握自控系统调试与设计的方法、步骤及其调试原则，加强同学们的动手能力和对理论知识的理解。

自控系统调试所遵循的原则：

（1）先部分，后系统。即首先对系统的各个单元进行调试，然后再对整个系统进行调试。

（2）先开环，后闭环。即首先进行开环调试，然后再对系统闭环进行调试。

（3）先内环，后外环。即首先对内环进行调试（如在本次调试中就应先对电流调节器（LT）调试），然后再对外环进行调试（如本次调试中对速度调节器（ST）的调试）。

本次系统调试在 DJDK-1 型可控硅直流调速设计装置上进行，整个调试完成后要求系统达到以下指标：

(1) 转速超调量小于 10%；

(2) 带额定负载时的起动时间小于 2s；

(3) 电流超调量小于 5%；

(4) 系统静差率小于 5%；

(5) 系统调速范围大于 5；

(6) 系统动态速降小于 5%；

(7) 系统恢复时间小于 0.5s。

注：a、b、c、d、e 为空载实验；f 和 g 为满载到空载或空载到满载实验。

3 单 元 调 试

3.1 调试前的准备

3.1.1 目的

通过系统的原理图和安装图，熟悉系统结构及元器件的分布情况，同时对系统进行初步检查。

3.1.2 步骤

(1) 熟悉图纸资料。

(2) 记录设备参数。

(3) 结合图纸检查设备：

1) 外观检查：熟悉设备的安装位置，检查设备的外观是否完好，即检查设备各紧固件有无松动，设备外壳有无名显变形，设备有无受潮及其他异常现象。

2) 连线检查：检查设备各抽屉内的连线有无脱落，抽屉与抽屉之间，抽屉与面板之间的连线及各个接地点是否可靠接通。

3) 检查设备的绝缘情况：用摇表（500V）检查主回路上各个设备的绝缘电阻，要求各设备的绝缘电阻至少大于 0.5MΩ。

需检查的设备及部位：

1) 直流电动机各出线端对其机壳的绝缘电阻；

2) 直流电动机饶组间的绝缘电阻；

3) 直流发电机各出线端对其机壳的绝缘电阻；

4) 直流发电机饶组间的绝缘电阻；

5) 设备主回路各相之间，以及各相接线端对设备外壳的绝缘电阻。

3.1.3 注意事项

(1) 不能用摇表来测量控制回路；

(2) 只能在不通电的情况下检查设备的绝缘电阻；

(3) 检查设备的绝缘电阻应在设备没连线时进行；

(4) 摇表指针回零后，应立即停止测量，以免损坏摇表。

3.2 操作回路的检查

3.2.1 目的

检查主回路及控制回路是否正常。

3.2.2 步骤

（1）按照原理图给设备接好三相电源。

（2）打开三相变流桥路面板图（DJK02）、三相触发电路面板图（DJK02-1）、DJK04 面板看是否正常。

（3）合上电源，看主回路和操作回路指示灯是否正常。

3.3 DJK02 和 DJK02-1 上的 "触发电路" 调试

3.3.1 目的

保证每个可控硅在整个移相范围的导通角度都相同。

为保证每只可控硅在整移相范围内都能可靠地被触发导通，触发单元（DJK02 和 DJK02-1）发出的触发脉冲应满足以下技术指标：

（1）触发脉冲的幅度应在 4~10V 之间。

（2）触发脉冲的宽度应在 20°左右（双触发脉冲情况下）。

（3）触发脉冲上升沿的时间应小于 $10\mu s$。

（4）触发脉冲的移相范围应在 240°左右。

（5）无触发脉冲时，触发电路的输出电压小于 0.2V。

3.3.2 调试步骤

（1）打开 DJK01 总电源开关，操作 "电源控制屏" 上的 "三相电网电压指示" 开关，观察输入的三相电网电压是否平衡。

（2）将 DJK01 "电源控制屏" 上 "调速电源选择开关" 拨至 "直流调速" 侧。

（3）用 10 芯的扁平电缆，将 DJK02 的 "三相同步信号输出" 端和 DJK02-1 "三相同步信号输入" 端相连，打开 DJK02-1 电源开关，拨动 "触发脉冲指示" 钮子开关，使 "窄" 的发光管亮。

（4）观察 A、B、C 三相的锯齿波，并调节 A、B、C 三相锯齿波斜率调节电位器（在各观测孔左侧），使三相锯齿波斜率尽可能一致。

（5）将 DJK06 上的 "给定" 输出 U_g 直接与 DJK02-1 上的移相控制电压 U_{ct} 相接，将给定开关 S_2 拨到接地位置（即 $U_{ct}=0$），调节 DJK02-1 上的偏移电压电位器，用双踪示波器观察 A 相同步电压信号和 "双脉冲观察孔" VT_1 的输出波形，使 $\alpha=150°$。

（6）适当增加给定 U_g 的正电压输出，观测 DJK02-1 上 "脉冲观察孔" 的波形，此时应观测到单窄脉冲和双窄脉冲。

（7）将DJK02-1面板上的U_{lf}端接地，用20芯的扁平电缆，将DJK02-1的"正桥触发脉冲输出"端和DJK02"正桥触发脉冲输入"端相连，并将DJK02"正桥触发脉冲"的六个开关拨至"通"，观察正桥$VT_1 \sim VT_6$晶闸管门极和阴极之间的触发脉冲是否正常。具体整定方法可参照电力电子技术相关教材。

（8）触发电路最小控制角α_{min}和最小逆变角β_{min}的整定。

α_{min}、β_{min}过小都会产生较大的冲击，容易造成事故，故一般使$\alpha_{min} = \beta_{min} = 30°$。对三相可控硅不可逆调速系统，$\alpha_{min} = 30°$，$\beta_{min} = 90°$。在三相可控硅不可逆调速系统中，电流调节器（LT）的输出信号被用来作为三相可控硅桥式整流电路移相电压（U_K），故对最小控制角α_{min}的限制实际上就是对电流调节器（LT）的最大正输出信号的限制，而对最小逆变角β_{min}的限制就是对电流调节器（LT）的最小负输出信号的限制。

具体整定方法可参照触发电路初始相位整定。在这只需把$\alpha_{min} = 30°$，$\beta_{min} = 90°$时的移相电压（U_K）值都记录下来作为以后整定电流调节器（LT）输出限幅值的依据。

3.4 电流调节器（LT）的调试直流电机开环外特性的测定

3.4.1 U_{ct}不变时的直流电机开环外特性的测定

（1）按接线图分别将主回路和控制回路接好线。DJK02-1上的移相控制电压U_{ct}由DJK04上的"给定"输出U_g直接接入，直流发电机接负载电阻R，L_d用DJK02上200mH，将给定的输出调到零。

（2）先闭合励磁电源开关，按下DJK01"电源控制屏"启动按钮，使主电路输出三相交流电源，然后从零开始逐渐增加"给定"电压U_g，使电动机慢慢启动并使转速n达到1200r/min。

（3）改变负载电阻R的阻值，使电机的电枢电流从I_{ed}直至空载。即可测出在U_{ct}不变时的直流电动机开环外特性$n = f(I_d)$，测量并记录数据于下表：

$n/\text{r} \cdot \text{min}^{-1}$						
I_d/A						

3.4.2 U_d不变时直流电机开环外特性的测定

（1）控制电压U_{ct}由DJK04的"给定"U_g直接接入，直流发电机接负载电阻R，L_d用DJK02上200mH，将给定的输出调到零。

（2）按下DJK01"电源控制屏"启动按钮，然后从零开始逐渐增加给定电压U_g，使电动机启动并达到1200r/min。

（3）改变负载电阻R，使电机的电枢电流从I_{ed}直至空载。用电压表监视三相全控整流输出的直流电压U_d，保持U_d不变（通过不断的调节DJK04上"给定"电压U_g来实现），测出在U_d不变时直流电动机的开环外特性$n = f(I_d)$，并记录于下表中。

$n/\mathrm{r} \cdot \min^{-1}$						
I_d/A						

3.5 基本单元部件调试

3.5.1 移相控制电压 U_ct 调节范围的确定

直接将 DJK04 "给定" 电压 U_g 接入 DJK02-1 移相控制电压 U_ct 的输入端，"三相全控整流" 输出接电阻负载 R，用示波器观察 U_d 的波形。当给定电压 U_g 由零调大时，U_d 将随给定电压的增大而增大，当 U_g 超过某一数值 U_g' 时，U_d 的波形会出现缺相现象，这时 U_d 反而随 U_g 的增大而减少。一般可确定移相控制电压的最大允许值为 $U_\mathrm{ct,max}=0.9U_\mathrm{g}'$，即 U_g 的允许调节范围为 $0\sim U_\mathrm{ct,max}$。如果我们把输出限幅定为 $U_\mathrm{ct,max}$ 的话，则 "三相全控整流" 输出范围就被限定，不会工作到极限值状态，保证六个晶闸管可靠工作。记录 U_g' 于下表中：

U_g'	
$U_\mathrm{ct,max}=0.9U_\mathrm{g}'$	

将给定退到零，再按 "停止" 按钮，结束步骤。

3.5.2 调节器的调整

将 DJK04 中 "速度调节器" 所有输入端接地，再将 DJK08 中的可调电阻 40K 接到 "速度调节器" 的 "4" "5" 两端，用导线将 "5" "6" 短接，使 "电流调节器" 成为 P（比例）调节器。调节面板上的调零电位器 R_P3，用万用表的毫伏档测量电流调节器 "7" 端的输出，使调节器的输出电压尽可能接近于零。

将 DJK04 中 "电流调节器" 所有输入端接地，再将 DJK08 中的可调电阻 13K 接到 "速度调节器" 的 "8" "9" 两端，用导线将 "9" "10" 短接，使 "电流调节器" 成为 P（比例）调节器。调节面板上的调零电位器 R_P3，用万用表的毫伏档测量电流调节器的 "11" 端，使调节器的输出电压尽可能接近于零。

3.5.3 正负限幅值的调整

把 "速度调节器" 的 "5" "6" 短接线去掉，将 DJK08 中的可调电容 0.47μF 接入 "5" "6" 两端，使调节器成为 PI（比例积分）调节器，然后将 DJK04 的给定输出端接到转速调节器的 "3" 端，当加一定的正给定时，调整负限幅电位器 R_P2，使之输出电压为最小值即可，当调节器输入端加负给定时，调整正限幅电位器 R_P1，使速度调节器的输出正限幅为 $U_\mathrm{ct,max}$。

把 "电流调节器" 的 "8" "9" 短接线去掉，将 DJK08 中的可调电容 0.47μF 接入 "8" "9" 两端，使调节器成为 PI（比例积分）调节器，然后将 DJK04 的给定输出端接到电流调节器的 "4" 端，当加正给定时，调整负限幅电位器 R_P2，使之输出电压为最小值即可，当调节器输入端加负给定时，调整正限幅电位器 R_{P1}，使电流调节器的输出正限幅为 $U_{ct,max}$。

3.5.4 电流反馈系数的整定

直接将"给定"电压 U_g 接入 DJK02-1 移相控制电压 U_{ct} 的输入端，整流桥输出接电阻负载 R，负载电阻放在最大值，输出给定调到零。

按下启动按钮，从零增加给定，使输出电压升高，当 $U_d = 220V$ 时，减小负载的阻值，调节"电流反馈与过流保护"上的电流反馈电位器 R_{P1}，使得负载电流 $I_d = 1.3A$ 时，"2"端 I_f 的电流反馈电压 $U_{fi} = 6V$，这时的电流反馈系数 $\beta = U_{fi}/I_d = 4.615V/A$。

3.5.5 转速反馈系数的整定

直接将"给定"电压 U_g 接 DJK02-1 上的移相控制电压 U_{ct} 的输入端，"三相全控整流"电路接直流电动机负载，L_d 用 DJK02 上的 200mH，输出给定调到零。

按下启动按钮，接通励磁电源，从零逐渐增加给定，使电机提速到 $n = 1500r/min$ 时，调节"速度变换"上转速反馈电位器 R_{P1}，使得该转速时反馈电压 $U_{fn} = -6V$，这时的转速反馈系数 $\alpha = U_{fn}/n = 0.004V/(r/min)$。

3.5.6 转速单闭环直流调速系统

（1）在本实验中，DJK04 的"给定"电压 U_g 为负给定，转速反馈为正电压，将"速度调节器"接成 P（比例）调节器或 PI（比例积分）调节器。直流发电机接负载电阻 R，L_d 用 DJK02 上 200mH，给定输出调到零。

（2）直流发电机先轻载，从零开始逐渐调大"给定"电压 U_g，使电动机的转速接近 $n = 1200r/min$。

（3）由小到大调节直流发电机负载 R，测出电动机的电枢电流 I_d，和电机的转速 n，直至 $I_d = I_{ed}$，即可测出系统静态特性曲线 $n = f(I_d)$，记录于下表中：

$n/r \cdot min^{-1}$							
I_d/A							

3.5.7 电流单闭环直流调速系统

（1）按图 5-1 接线，在本实验中，给定 U_g 为负给定，电流反馈为正电压，将"电流调节器"接成 P（比例）调节器或 PI（比例积分）调节器。直流发电机接负载电阻 R，L_d 用 DJK02 上 200mH，将给定输出调到零。

（2）直流发电机先轻载，从零开始逐渐调大"给定"电压 U_g，使电动机转速接近 $n = 1200r/min$。

（3）由小到大调节直流发电机负载 R，测定相应的 I_d 和 n，直至电动机 $I_d = I_{ed}$，即可测出系统静态特性曲线 $n = f(I_d)$，记录于下表中：

$n/r \cdot min^{-1}$							
I_d/A							

4 参数测量与计算

整个电气传动系统中的参数计算主要指两个调节器的 PID 参数计算，进行参数计算所需数据的一部分是通过单元调试和实际测量获得，其余部分数据可以从图纸和资料中获取。

4.1 系统参数测量

为研究晶闸管-电动机系统，须首先了解电枢回路的总电阻 R、总电感 L 以及系统的电磁时间常数 T_d 与机电时间常数 T_M，这些参数均需通过实验手段来测定，具体方法如下所述。

4.1.1 电枢回路总电阻 R 的测定

电枢回路的总电阻 R 包括电机的电枢电阻 R_a、平波电抗器的直流电阻 R_L 及整流装置的内阻 R_n，即：

$$R = R_a + R_L + R_n \tag{4-1}$$

由于阻值较小，不宜用欧姆表或电桥测量，因是小电流检测，接触电阻影响很大，故常用直流伏安法。为测出晶闸管整流装置的电源内阻须测量整流装置的理想空载电压 U_{d0}，而晶闸管整流电源是无法测量的，为此应用伏安比较法，实验线路如图 4-1 所示。

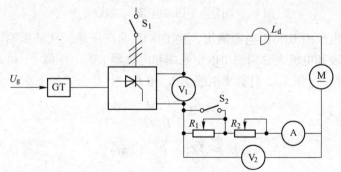

图 4-1 伏安比较法实验线路图

将变阻器 R_1、R_2 接入被测系统的主电路，测试时电动机不加励磁，并使电机堵转。合上 S_1、S_2，调节给定使输出直流电压 U_d 在 $30\% U_{ed} \sim 70\% U_{ed}$ 范围内，然后调整 R_2 使电枢电流在 $80\% I_{ed} \sim 90\% I_{ed}$ 范围内，读取电流表 A 和电压表 V_2 的数值为 I_1、U_1，则此时整流装置的理想空载电压为：

$$U_{d0} = I_1 R + U_1 \tag{4-2}$$

调节 R_1 使之与 R_2 的电阻值相近，拉开开关 S_2，在 U_d 的条件下读取电流表、电压表

的数值 I_2、U_2，则：

$$U_{d0} = I_2 R + U_2 \tag{4-3}$$

求解式（4-2）和式（4-3），可得电枢回路总电阻为：

$$R = (U_2 - U_1)/(I_1 - I_2) \tag{4-4}$$

如把电机电枢两端短接，重复上述实验，可得：

$$R_L + R_n = (U_2' - U_1')/(I_1' - I_2') \tag{4-5}$$

则电机的电枢电阻为：

$$R_a = R - (R_L + R_n) \tag{4-6}$$

同样，短接电抗器两端，也可测得电抗器直流电阻 R_L。

4.1.2 电枢回路电感 L 的测定

电枢回路总电感包括电机的电枢电感 L_a、平波电抗器电感 L_d 和整流变压器漏感 L_B，由于 L_B 数值很小，可以忽略，故电枢回路的等效总电感为

$$L = L_a + L_d \tag{4-7}$$

电感的数值可用交流伏安法测定。实验时应给电动机加额定励磁，并使电机堵转，实验线路如图 4-2 所示。

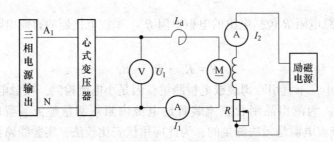

图 4-2 测量电枢回路电感的实验线路图

实验时交流电压由 DJK01 电源输出，接 DJK10 的高压端，从低压端输出接电机的电枢，用交流电压表和电流表分别测出电枢两端和电抗器上的电压值 U_a 和 U_L 及电流 I，从而可得到交流阻抗 Z_a 和 Z_L，计算出电感值 L_a 和 L_d，计算公式如下：

$$Z_a = U_a/I \tag{4-8}$$
$$Z_L = U_L/I \tag{4-9}$$
$$L_a = \sqrt{Z_a^2 - R_a^2}/(2\pi f) \tag{4-10}$$
$$L_d = \sqrt{Z_L^2 - R_L^2}/(2\pi f) \tag{4-11}$$

4.1.3 直流电动机—发电机—测速发电机组的飞轮惯量 GD^2 的测定

电力拖动系统的运动方程式为：

$$T - T_z = (GD^2/375)(\mathrm{d}n/\mathrm{d}t) \tag{4-12}$$

式中，T 为电动机的电磁转矩，$N \cdot m$；T_z 为负载转矩，空载时即为空载转矩 T_k，$N \cdot m$；n 为电机转速，r/min；$\mathrm{d}n/\mathrm{d}t$ 可以从自由停车时所得的曲线 $n = f(t)$ 求得。

电机空载自由停车时，$T=0$，$T_z = T_k$，则运动方程式为：

$$T_k = -(GD^2/375)(dn/dt) \tag{4-13}$$

从而有：

$$GD^2 = 375T_k/(dn/dt)，\ N \cdot m^2 \tag{4-14}$$

T_k 可由空载功率 P_K 求出，W：

$$P_k = U_a I_{a0} - I_{a0}^2 R_a \tag{4-15}$$

$$T_k = 9.55P_k/n \tag{4-16}$$

实验线路如图 4-3 所示。电动机加额定励磁，将电机空载启动至稳定转速后，测量电枢电压 U_a 和电流 I_{a0}，然后断开给定，用数字存储示波器记录 $n = f(t)$ 曲线，即可求取某一转速时的 T_k 和 dn/dt。由于空载转矩不是常数，可以以转速 n 为基准选择若干个点，测出相应的 T_k 和 dn/dt，以求得 GD^2 的平均值。由于本实验装置的电机容量比较小，应用此法测 GD^2 时会有一定的误差。

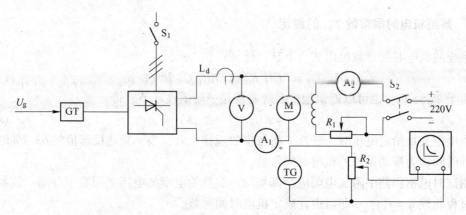

图 4-3 测定 GD^2 时的实验线路图

4.1.4 主电路电磁时间常数 T_d 的测定

采用电流波形法测定电枢回路电磁时间常数 T_d，电枢回路突加给定电压时，电流 i_d 按指数规律上升：

$$i_d = I_d(1 - e^{-t/T_d}) \tag{4-17}$$

其电流变化曲线如图 4-4 所示。当 $t = T_d$ 时，有：

$$i_d = I_d(1 - e^{-1}) = 0.632I_d \tag{4-18}$$

实验线路如图 4-5 所示。电机不加励磁，调节给定使电机电枢电流在 $50\%I_{ed} \sim 90\%I_{ed}$ 范围内。然后保持 U_g 不变，将给定的 S_2 拨到接地位置，然后拨动给定 S_2 从接地到正电压跃阶信号，用数字存储示波器记录 $i_d = f(t)$ 的波形，在波形图上测量出当电流上升至稳定值的 63.2% 时的时间，即为电枢回路的电磁时间常数 T_d。

4.1.5 电动机电势常数 C_e 和转矩常数 C_M 的测定

将电动机加额定励磁，使其空载运行，改变电枢电压 U_d，测得相应的 n 即可由下式算出 C_e：

$$C_e = K_e \Phi = (U_{d2} - U_{d1})/(n_2 - n_1)，\ V/(r/min) \tag{4-19}$$

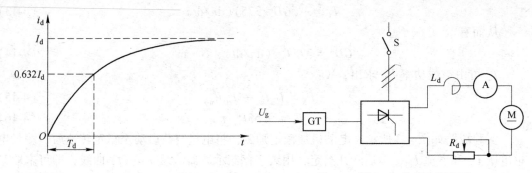

图 4-4　电流上升曲线　　　　　　图 4-5　测定 T_d 的实验线路图

转矩常数（额定磁通）C_M 可由 C_e 求出：

$$C_M = 9.55 C_e, \ (\text{N} \cdot \text{m})/\text{A} \tag{4-20}$$

4.1.6　系统机电时间常数 T_M 的测定

系统的机电时间常数可由式（4-21）计算：

$$T_M = (GD^2 R)/(375 C_e C_M \Phi^2) \tag{4-21}$$

由于 $T_M \gg T_d$，也可以近似地把系统看成是一阶惯性环节，即：

$$n = K U_d/(1 + T_M S) \tag{4-22}$$

当电枢突加给定电压时，转速 n 将按指数规律上升，当 n 到达稳态值的 63.2% 时，所经过的时间即为拖动系统的机电时间常数。

测试时电枢回路中附加电阻应全部切除，突然给电枢加电压，用数字存储示波器记录过渡过程曲线 $n = f(t)$，即可由此确定机电时间常数。

4.1.7　晶闸管触发及整流装置特性 $U_d = f(U_g)$ 和测速发电机特性 $U_{TG} = f(n)$ 的测定

实验线路如图 4-3 所示，可不接示波器。电动机加额定励磁，逐渐增加触发电路的控制电压 U_g，分别读取对应的 U_g、UTG、U_d、n 的数值若干组，即可描绘出特性曲线 $U_d = f(U_g)$ 和 UTG $= f(n)$。

由 $U_d = f(U_g)$ 曲线可求得晶闸管整流装置的放大倍数曲线 $K_s = f(U_g)$：

$$K_s = \Delta U_d/\Delta U_g \tag{4-23}$$

4.2　系统调节器 PI 参数的计算

（1）具体的计算方法及步骤参照教材《电力拖动自动控制系统（运动控制系统）》。
（2）计算所得的电阻及电容的参数最后应按标准系列选取。

5 系 统 调 试

自动控制系统的结构多种多样，调试的方法也不相同，但总的调试原则都一样，即先内环，后外环；先静态，后动态；先低压，后高压。自动控制系统框图组成如图5-1所示。

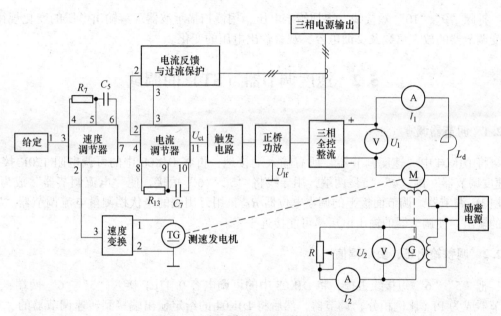

图 5-1　双闭环直流调速系统原理框图

遵循以上原则，下面开始本次转速、电流双闭环不可逆调速系统的系统调试。

5.1　电流调节器（LT）的调试

5.1.1　调节器的调零

将 DJK04 中"电流调节器"所有输入端接地，再将 DJK08 中的可调电阻 13K 接"速度调节器"的"8""9"两端，用导线将"9""10"短接，使"电流调节器"成为 P（比例）调节器。调节面板上的调零电位器 R_{P3}，用万用表的毫伏档测量电流调节器的"11"端，使调节器的输出电压尽可能接近于零。

5.1.2　调整输出正、负限幅值

把"8""9"短接线去掉，将 DJK08 中的可调电容 0.47μF 接入"8""9"两端，使

调节器成为 PI（比例积分）调节器，然后将 DJK04 的给定输出端接到电流调节器的 "4" 端，当加正给定时，调整负限幅电位器 R_{P2}，观察输出负电压的变化，当调节器输入端加负给定时，调整正限幅电位器 R_{P1}，观察输出正电压的变化。

5.1.3　测定输入输出特性

再将反馈网络中的电容短接（将 "9" "10" 端短接），使电流调节器为 P 调节器，在调节器的输入端分别逐渐加入正负电压，测出相应的输出电压，直至输出限幅，并画出曲线。

5.1.4　观察 PI 特性

拆除 "9" "10" 短接线，突加给定电压，用慢扫描示波器观察输出电压的变化规律。改变调节器的放大倍数及反馈电容，观察输出电压的变化。

5.2　速度调节器（ST）的调试

5.2.1　调节器调零

将 DJK04 中 "速度调节器" 所有输入端接地，再将 DJK08 中的可调电阻 120K 接到 "速度调节器" 的 "4" "5" 两端，用导线将 "5" "6" 短接，使 "电流调节器" 成为 P（比例）调节器。调节面板上的调零电位器 R_{P3}，用万用表的毫伏档测量电流调节器 "7" 端的输出，使调节器的输出电压尽可能接近于零。

5.2.2　调整输出正、负限幅值

把 "5" "6" 短接线去掉，将 DJK08 中的可调电容 $0.47\mu F$ 接入 "5" "6" 两端，使调节器成为 PI（比例积分）调节器，然后将 DJK04 的给定输出端接到转速调节器的 "3" 端，当加一定的正给定时，调整负限幅电位器 R_{P2}，观察输出负电压的变化，当调节器输入端加负给定时，调整正限幅电位器 R_{P1}，观察调节器输出正电压的变化。

5.2.3　测定输入输出特性

再将反馈网络中的电容短接（将 "5" "6" 端短接），使速度调节器为 P（比例）调节器，在调节器的输入端分别逐渐加入正负电压，测出相应的输出电压，直至输出限幅，并画出曲线。

5.2.4　观察 PI 特性

拆除 "5" "6" 短接线，突加给定电压，用慢扫描示波器观察输出电压的变化规律。改变调节器的放大倍数及反馈电容，观察输出电压的变化。

5.3　零电平检测及转矩极性鉴别的调试

（1）测定 "转矩极性鉴别" 的环宽，要求环宽为 0.4~0.6V，记录高电平值，调节单

元中的 R_{P1} 使特性满足其要求。"转矩极性鉴别"要求的环从 $-0.25V$ 到 $0.25V$。

转矩极性鉴别具体调试方法：

1）调节给定 U_g，使"转矩极性鉴别"的"1"脚得到约 $0.25V$ 电压，调节电位器 R_{P1}，恰好使"2"端输出从"高电平"跃变为"低电平"。

2）调节负给定从 $0V$ 起调，当转矩极性鉴别器的"2"端从"低电平"跃变为"高电平"时，检测转矩极性鉴别器的"1"端应为 $-0.25V$ 左右，否则应调整电位器，使"2"端电平变化时，"1"端电压大小基本相等。

（2）测定"零电平检测"的环宽，要求环宽也为 $0.4 \sim 0.6V$，调节 R_{P1}，使回环沿纵坐标右侧偏离 $0.2V$，即环从 $0.2V$ 到 $0.6V$。

"零电平检测"具体调试方法：

1）调节给定 U_g，使"零电平检测"的"1"脚约 $0.6V$ 电压，调节电位器 R_{P1}，恰好使"2"端输出从"1"跃变为"0"。

2）慢慢减小给定，当"零电平检测"的"2"端从"0"跃变为"1"时，检测"零电平检测"的"1"端应为 $0.2V$ 左右，否则应调整电位器。

（3）根据测得数据，画出两个电平检测器的回环。

（4）反号器的调试。测定输入输出比例，输入端加入 $+5V$ 电压，调节 R_{P1}，使输出端为 $-5V$。

（5）逻辑控制的调试。测试逻辑功能，列出真值表，真值表如表5-1所示。

表5-1 逻辑真值表

输入	U_M	1	1	0	0	0	1
	U_I	1	0	0	1	0	0
输出	$U_Z(U_{lf})$	0	0	0	1	1	1
	$U_F(U_{lr})$	1	1	1	0	0	0

调试方法如下。

1）首先将"零电平检测"、"转矩极性鉴别"调节到位，符合其特性曲线。给定接"转矩极性鉴别"的输入端，输出端接"逻辑控制"的 U_m。"零电平检测"的输出端接"逻辑控制"的 U_I，输入端接地。

2）将给定的 R_{P1}、R_{P2} 电位器顺时针转到底，将 S_2 打到运行侧。

3）将 S_1 打到正给定侧，用万用表测量"逻辑控制"的"3""6"和"4""7"端，"3""6"端输出应为高电平，"4""7"端输出应为低电平，此时将 DJK04 中给定部分 S_1 开关从正给定打到负给定侧，则"3""6"端输出从高电平跳变为低电平，"4""7"端输出也从低电平跳变为高电平。在跳变的过程中用示波器观测"5"端输出的脉冲信号。

4）将"零电平检测"的输入端接高电平，此时将 DJK04 中给定部分的 S_1 开关来回扳动，"逻辑控制"的输出应无变化。

5.4 系统指标测试

在完成系统动、静态调试后，为了检查系统的性能和确保系统满足生产的实际要求，就要对系统各项指标进行测试，看是否达到系统的调试要求。

　　系统指标测试实际上也就是对系统稳定性和快速性进行检查，而系统的稳定性主要由起动或停车时的转速、电流波形及系统的调速范围体现，系统的快速性则主要由突加负载时的转速波形体现，故指标测试也就是对以上各项进行测试。

　　为了便于分析和保存测试结果，我们先用光线示波器来记录各处波形，然后再对波形进行分析、计算即可得出系统指标。

　　（1）需测试的项目如下：电机带额定负载运行于 1500r/min，系统起动时的转速 N、电流 I、系统起动时间和移相电压 U_K 波形。

　　系统的调速范围。电机先空载运行于 1500r/min，再突加额定负载，记录下的此时的转速波形。

　　（2）从以上测试，经计算可得：转速超调量；带额定负载时的起动时间；电流超调量；系统静差率；系统调速范围；再突加额定负载时系统的动态速降；再突加额定负载时系统的恢复时间。

　　画出闭环控制特性曲线 $n=f(U_g)$。

　　画出两种转速时的闭环机械特性 $n=f(I_d)$。

　　画出系统开环机械特性 $n=f(I_d)$，计算静差率，并与闭环机械特性进行比较。

　　分析系统动态波形，讨论系统参数的变化对系统动、静态性能的影响。

6 STEP 7 编程组态实训

6.1 S7-300 系统硬件组态

（1）按照图 6-1，检查配置的 S7-300 的硬件网络是否正确，给系统送电。

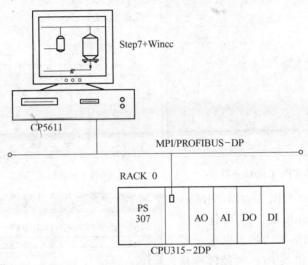

图 6-1 S7-300 硬件网络

（2）打开计算机后，双击桌面上的图标，打开 SIMATIC STEP7 软件，进行通讯测试。软件界面如图 6-2 所示。

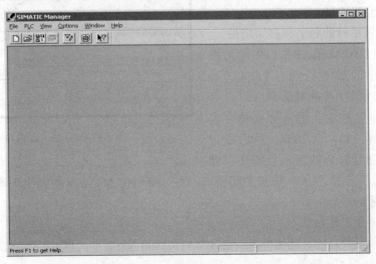

图 6-2 SIMATIC Manager 界面

　　点击工具栏中的"Option"→"set PG/PC interface…"，将会弹出设定通讯的界面，如图6-3所示。

　　选中"CP5611（MPI）"通讯卡，然后点击"Diagnostics"按钮，进行通讯诊断，如图6-4所示。

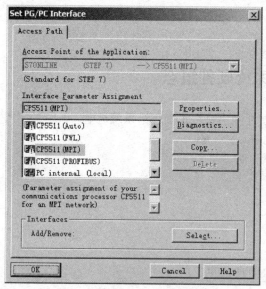

图6-3　Set PG/PC Interface 界面

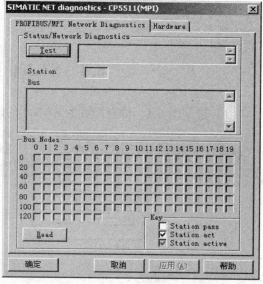

图6-4　SIMATIC NET diagnostics 界面

　　分别点击"PROFIBUS/MPI Network Diagnostics"和"Hardware"两项任务中的"Test"按钮，如果右边的诊断显示都为OK，则说明上位机与PLC的硬件连接和通讯均没有问题。诊断结束后点击"确定"按钮关闭窗口。

　　（3）在STEP7软件的SIMATIC MANAGER中建立新项目。

　　1）建立新项目的名字和存储路径。

　　点击SIMATIC Manager窗口中（□）图标或者点击工具栏上的"File"→"New"，弹出如图6-5的对话窗口。

　　在"Name"栏中，填入你要建立的新项目的名称，如：LG2004，然后通过"Browse"按钮选择你的新项目所要存储

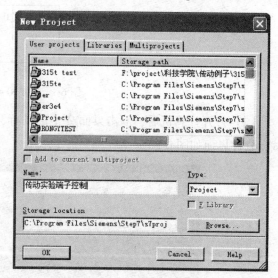

图6-5　New Project 窗口

的路径，最后，点击"OK"按钮关闭窗口。在SIMATIC Manager将会出现刚新建的项目LG2004，如图6-6所示。

　　2）建立项目工作站。

　　点击"Insert"→"Station"→"2 SIMATIC 300 Station"，建立一个S7-300的工作站，如图6-7和图6-8所示。

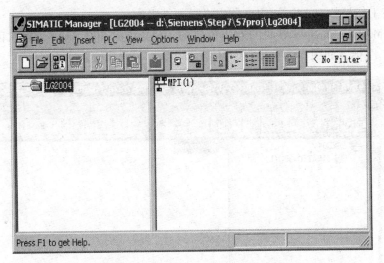

图 6-6　SIMATIC Manager 界面

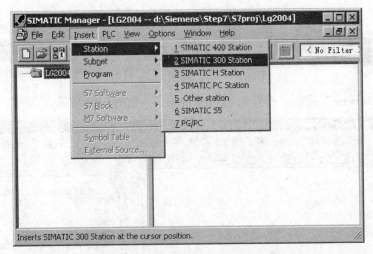

图 6-7　"建立项目工作站"菜单选择

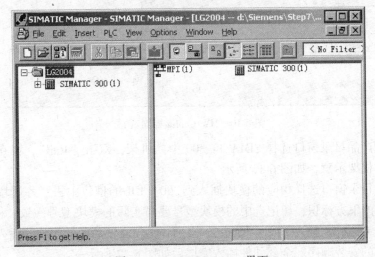

图 6-8　SIMATIC Manager 界面

（4）在工作站的 Hardware 组态器中进行硬件组态。

点击 SIMATIC Manager 界面的左边窗口的"SIMATIC 300（1）"，在右面的窗口出现"Hardware"图标，如图 6-9 所示。

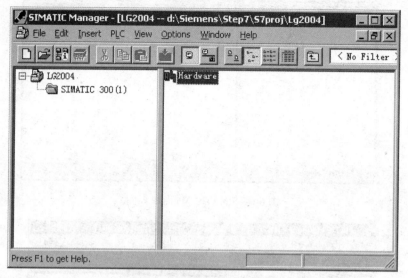

图 6-9　SIMATIC Manager 界面

双击"Hardware"图标，打开 Hw configuration，如图 6-10 所示。

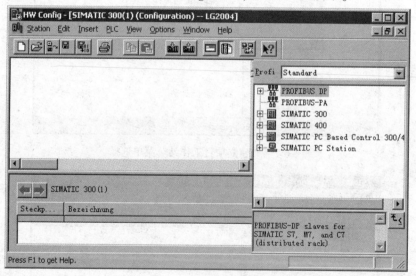

图 6-10　HW Config 界面（1）

在右边的产品目录窗口选择 SIMATIC 300 中的机架，双击"Rail"，将在左边的窗口出现带槽位的机架示意，如图 6-11 所示。

在右边的目录窗口选择相应的模块插入到（0）UR 的槽位中去。各模块的订货号可查看硬件实物的下方标识，切记选中的模块型号要与实际的模块型号一致。槽位 1，插入电源模块 PS；槽位 2，插入 CPU；槽位 3，空白；槽位 4 及后面的槽位，插入的模块对应实际 I/O 模块的安装顺序。全部硬件插入完毕后如图 6-12 所示。

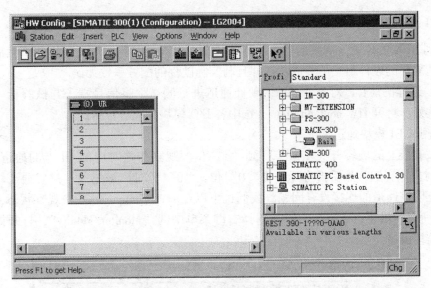

图 6-11 HW Config 界面 (2)

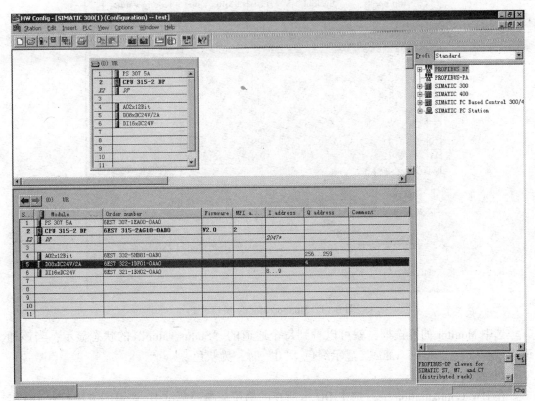

图 6-12 HW Config 界面 (3)

（5）编译硬件组态，并下装到 CPU。

点击画面上的■图标，对刚刚完成的硬件组态进行编译。系统提示编译成功没有错误后，点击■图标将硬件的组态下装到 CPU。或者，在编译完成后，关闭 HW configuration 窗口，返回到 SIMATIC Manager 窗口，用鼠标选中"SIMATIC 300（1）"图标，然后

点击窗口上的 ▦ 图标，下装刚刚完成的硬件组态。根据画面上的提示完成下装，然后将 CPU 打到 RUN 的位置，观察运行指示灯的状态，应该是绿色的灯先闪烁几下然后稳定一直亮，代表你的硬件组态下装成功，并且与实际硬件的配置一致无误。

CPU 运行正常后，对各个卡件的硬件通道进行测试。将信号端子与试验板一上的各接插口连好。打开 HW configuration，选中各 I/O 模块分别进行测试。

1）测试 DI 模块通道。

将试验板上的旋转开关左旋，打到"1"位，观察与之对应的 DI 卡的通道显示灯，"1"位时应该亮起，然后再将开关复"0"位，"0"位时应该熄灭，只要通道灯的动作正确则证明该通道的连接没有问题。我们也可以在 HW Configuration 中观察状态，鼠标选中 DI 卡所在的槽位，点鼠标右键，选择右键菜单中的"Monitor/Modify"，打开如图 6-13 的通道监控窗口。

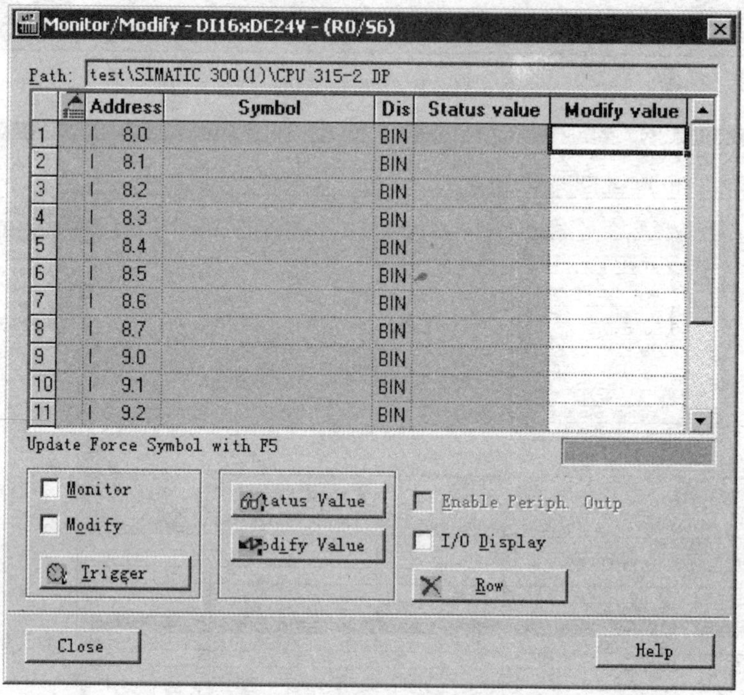

图 6-13　Monitor/Modify 窗口（1）

选中 Monitor 的复选框，就可以看到每个通道的"Status value"的状态显示，当该通道为"1"时，"Status value"显示绿色，"0"时，为灰色。

2）测试 DO 通道。

在 HW Configuration 中，选中 DO 卡所在的槽位，参照测试 DI 通道的方法打开 DO 卡的监控窗口，选中"Monitor"和"Modify"的复选框，通过改变各通道的"Modify value"，来观察状态。如在 1 通道的"Modify value"中写入"1"，然后回车，1 通道就变为"1"状态，"Status value"显示绿色，硬件模块上的 1 通道显示灯亮，试验板上对应的指示灯 L1 也亮了；在"Modify value"中写入"0"，然后回车，1 通道就变为"0"状态，"Status value"显示灰色，硬件模块上的 1 通道显示灯灭，试验板上对应的指示灯 L1 也灭了。

3）测试 AI 通道。

参照 DI 通道测试方式打开 AI 卡的监控窗口如图 6-14 所示，选中"Monitor"的复选框，就可以看到每个通道的"Status value"的状态显示，有 16 进制的数值显示，转动试验板上的电位器，对应的通道的"Status value"的数值发生变化，证明该通道的连接通讯正确。

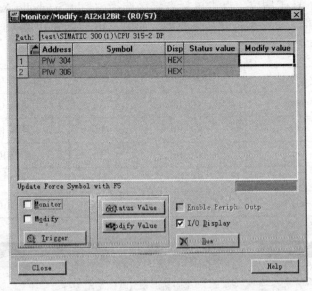

图 6-14　Monitor/Modify 窗口（2）

4）测试 AO 通道。

参照 AI、DO 通道的测试方式，打开 AO 卡的监控窗口，选中"Monitor"和"Modify"的复选框，通过改变各通道的"Modify value"，来观察试验板上对应的电流表或者电压变化。

6.2　S7-300 系统简单编程、下载

6.2.1　实训内容及步骤

示例工艺——"通过开关水泵和阀门来调节水箱的液位"。工艺描述：可通过启停 G-101，向 B-101 内灌水，通过开关 V-101，给 B-101 泄水。平时要求罐内的液位保持在 1.0~1.8m。在自动控制状态下，当液位低于0.5m，阀 V-101 处在关闭状态的时候启动 G-101 向罐内进水，当液位高于 1.5m 的时候，停 G-101。如图 6-15 所示。

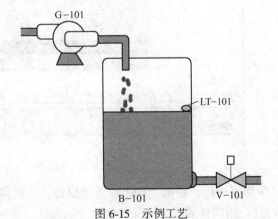

图 6-15　示例工艺

G-101—水泵；B-101—储水罐；V-101—出水阀；LT-101—液位计

6..2.2 工艺中所用的控制点

根据表 6-1，可以看出我们在该例中需要用到 AI、DI、DO 三种 I/O 模块。在 6.1 节的硬件基础上，定义所用的模块通道。在 SIMATIC Manager 中打开项目 LG2004，打开 HW Configuration，选中 AI 卡槽位，点击鼠标右键，选择"Edit Symbolic Names"命令，打开编辑通道的窗口，输入位号名称和信号类型，如图 6-16 和图 6-17 所示。

表 6-1 输入信号

序号	设备号	控制点位号	类型	位 号 说 明
1	G-101	XR-101	DI	水泵 G-101 运行信号
2		XS-101	DO	水泵 G-101 启停信号
3	V-101	VR-101	DI	阀 V-101 状态反馈信号
4		VS-101	DO	阀 V-101 开/关信号
5	B-101	LT-101	AI	B-101 罐内液位信号

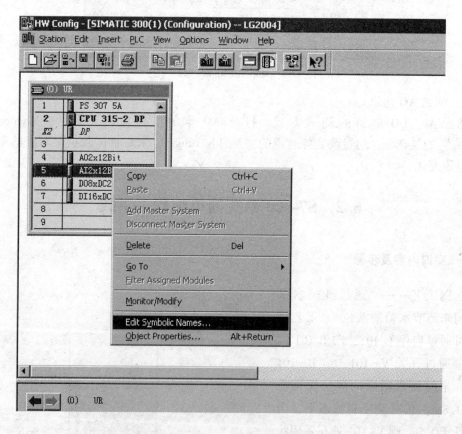

图 6-16 Edit Symbolic 选择菜单

编辑完毕后，点击"OK"，关闭窗口。这样信号 LT-101 的硬件通道地址就被定义为 PIW272。用同样的方法定义其他信号的地址，地址表如表 6-2 所示。

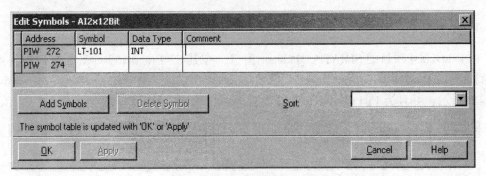

图 6-17   Edit Symbols 窗口

表 6-2 硬件通道数据类型及地址

序号	位号	硬件通道	数据类型	地址
1	LT-101	AI1-1	INT	PIW 272
2	XS-101	DO1-1	BOOL	Q 8.0
3	VS-101	DO1-2	BOOL	Q 8.1
4	XR-101	DI1-1	BOOL	I 12.0
5	VR-101	DI1-2	BOOL	I 12.1

6.2.3   在 SYMOBLE 中编辑定义变量数据地址和说明

单击 SIMATIC Manager 中 LG2004 项目的左边窗口中的 S7 Program，右边的窗口中会出现 "SOURCES" "BLOCKS" "SYMBOLS" 三个图标，双击 "SYMBOLS"，打开如图 6-18 的 Symbol Editor 窗口，编辑程序所需的各变量数据的类型、地址以及说明，编辑完成后保存，关闭该窗口。

Symbol Editor - [LG2004\SIMATIC 300(1)\CPU 315-2 DP...\Symbols]

Symbol Table Edit Insert View Options Window Help

	Symbol	Address		Data type		Comment
1	ALH101	M	1.3	BOOL		罐B-101液位高报警
2	ALL101	M	1.4	BOOL		罐B-101液位低报警
3	HG101	M	1.1	BOOL		手动启动泵G-101
4	HV101	M	1.5	BOOL		手动打开阀V-101
5	LT-101	PIW	272	INT		罐B-101液位
6	MAG101	M	1.0	BOOL		泵G-101手动/自动状态切换
7	SCALE	FC	105	FC	105	Scaling Values
8	VR-101	I	12.1	BOOL		阀V-101开/关状态显示信号
9	VS-101	Q	8.1	BOOL		开/关阀V-101
10	XR-101	I	12.0	BOOL		泵G-101运行状态显示信号
11	XS-101	Q	8.0	BOOL		启/停泵G-101
12	罐B-101液位控制	FB	1	FB	1	
13						

Number of symbols: 12/12

图 6-18   Symbol Editor 窗口

6.2.4   编写程序

（1）LG2004 项目的 SIMATIC Manager 窗口，在其 S7 Program/Block 的窗口中，点击鼠标右键，选择"Insert New Object"→"Function Block"，建立一个 FB 块，如图 6-19、图 6-20 所示，并且为 FB1 块命名。

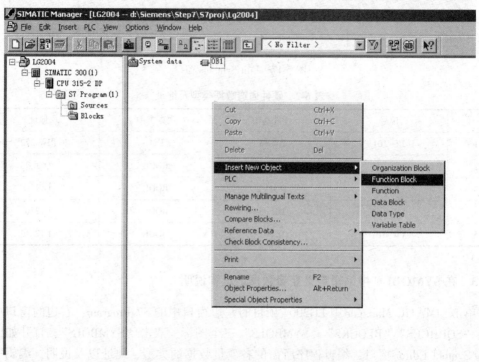

图 6-19   SIMATIC Manager 界面

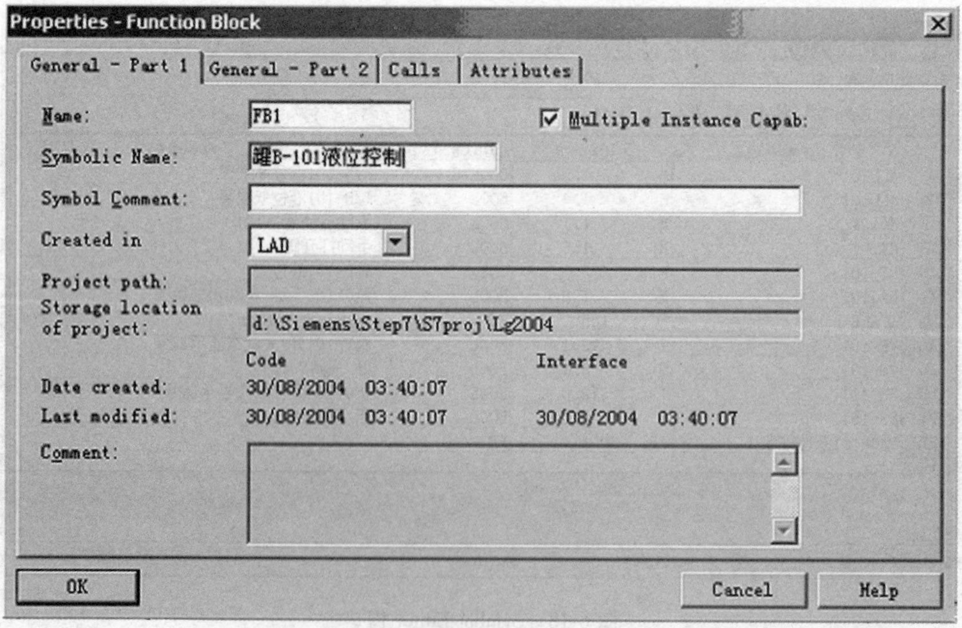

图 6-20   Function Block 窗口

（2）参照建立一个 FB 块的方式建立一个数据块 DB1，如图 6-21 所示。用鼠标双击刚建好的 DB1，打开 DB1 的编辑窗口，如图 6-22 所示。编辑一个实时数据 LT101R，用来作为罐 B-101 的液位的实时显示数据，数据地址为 DB1.DBD0（即 Adress 栏内为 "+0.0"）。编辑完成后保存，关闭编程窗口。

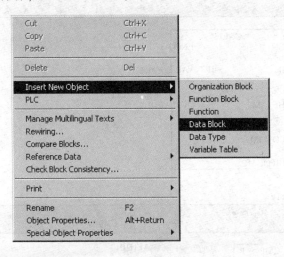

图 6-21　新建 DB 数据块菜单项

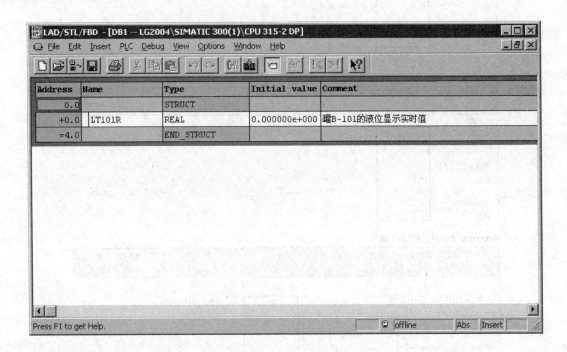

图 6-22　LAD/STL/FBD 窗口

（3）双击 FB1，打开 FB1 的编程窗口，编写程序，如图 6-23 所示。

带#的数据在编辑窗口的最上端的中间变量定义表中进行编辑定义，如图 6-24 所示。编写完成后，保存程序，然后关闭 FB1 编辑窗口。

FB1 : Title:

Comment:

Network 1: Title:

B-101液位的实时显示值

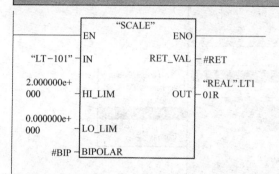

```
                "SCALE"
            EN           ENO
"LT-101" ─ IN        RET_VAL ─ #RET
2.000000e+                      "REAL".LT1
000      ─ HI_LIM      OUT  ─ 01R
0.000000e+
000      ─ LO_LIM
   #BIP  ─ BIPOLAR
```

Network 2: Title:

液位报警,ALH101--液位高报警

```
          CMP>=R              "ALH101"
                               ─( )─
"REAL".LT1
01R      ─ IN1
1.800000e+
000      ─ IN2
```

Network 3: 罐B-101液位低报警

液位报警,ALL101--液位低报警

```
          CMP<=R              "ALL101"
                               ─( )─
"REAL".LT1
01R      ─ IN1
5.000000e-
001      ─ IN2
```

Network 4: 启/停泵G-101

水泵G-101的启停控制

```
 "MAG101"   "HG101"          M1.2
  ─|/|───────| |──────┐       SR      "XS-101"
                      │   S       Q ──( )─
 "MAG101"   "ALL101"  "VR-101"
  ─| |───────| |───────|/|──┤
 "MAG101"   "HG101"
  ─|/|───────|/|────────────┤
                            │   R
 "MAG101"   "ALH101"
  ─| |───────| |────────────┘
```

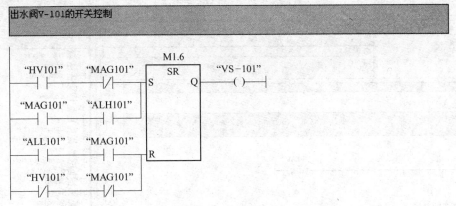

图 6-23　编程窗口

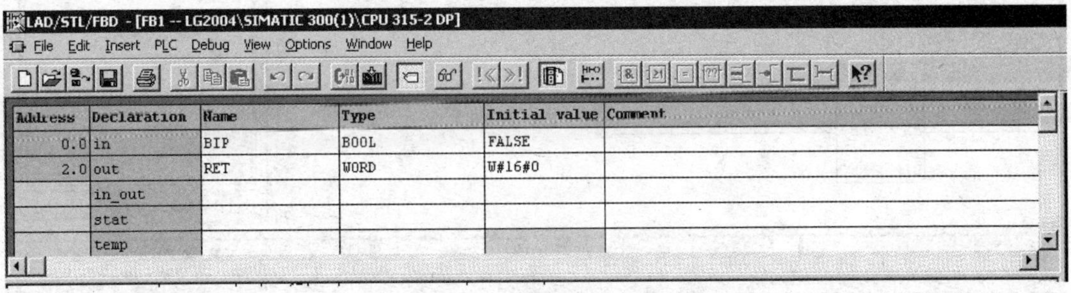

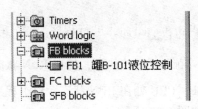

图 6-24　中间变量定义表

（4）将 FB1 引入主程序 OB1。双击 OB1，打开 OB1 的编辑窗口，在 "Program Element" 栏中选择 "FB blocks"，如图 6-25 所示。

图 6-25　选择 "FB blocks"

双击 "FB1 罐 B-101 液位控制"，将其插入 Network1，并为其定义存储的数据块 DB10，如图 6-26 所示。保存并关闭 OB1 的编程窗口。

6.2.5　将程序下载到 CPU

确认 CPU 的开关处在 STOP 的状态。在 SIMATIC Manager 的窗口，鼠标选中 "SIMATIC 300（1）"，然后，点击▥图标，根据窗口提示，下装整个项目到 CPU。将 CPU 打到 RUN 状态，当 RUN 的状态指示灯一直显示绿色，证明程序下装成功。

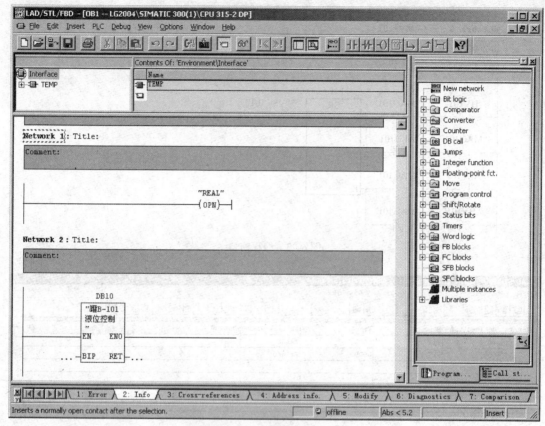

图 6-26   LAD/STL/FBD 窗口

6.3   S7-300 系统程序的运行与调试

打开 FB1 的编辑窗口，点击 60´ 图标，进行程序监控，可以看到编辑窗口最下边有

◇ RUN 标识，显示监控 CPU 的状态，处在 RUN 状态时显示绿色的 RUN，处在 STOP 状态时显示红色的 STOP。CPU 处在 RUN 状态，FB1 程序中处于已满足条件的程序部分都显示绿色的线和框，如图 6-27 所示。

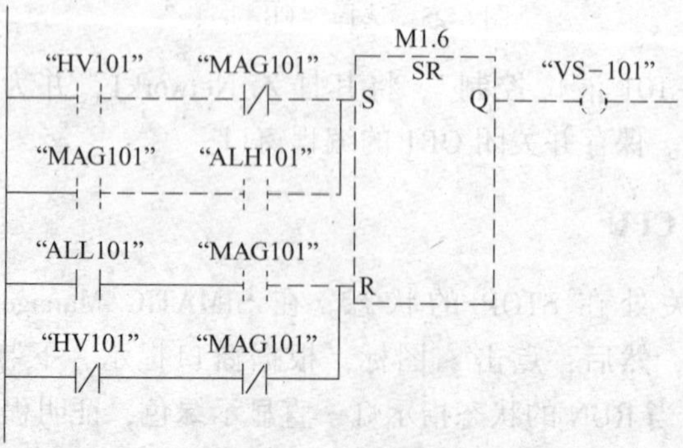

图 6-27   调试程序

（1）改变 BOOL 类型数据的值进行调试。在 RUN 的监控状态下，选中你要改变的 BOOL 数据的，点击鼠标右键，选择"Modify to 0"或"Modify to 1"，该数据的状态值就会被强制改变，如图 6-28 所示。

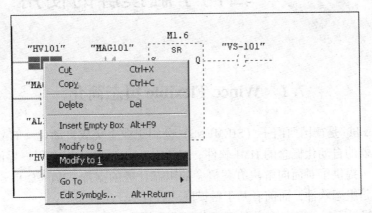

图 6-28　监控状态

（2）改变数值型数据的值进行调试。在 RUN 的监控状态下，选中你要改变数值的数据，点击鼠标右键，选择"Modify"，如图 6-29 所示。打开如图 6-30 的数据输入框，输入你想要的数值，该数据的值就会被强制改变成你输入的数值。

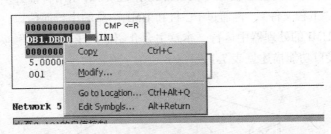

图 6-29　修改数值

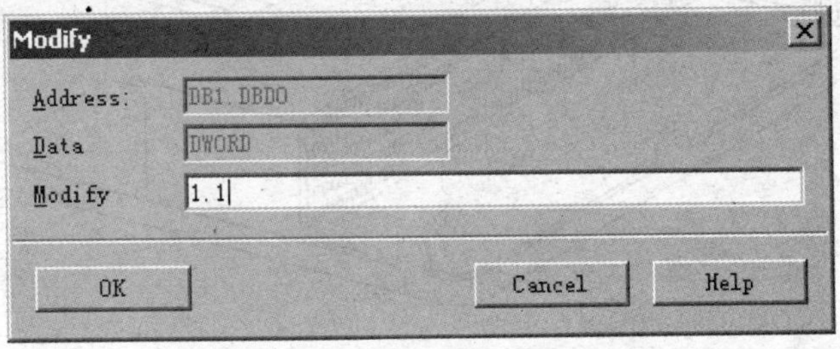

图 6-30　Modify 对话框

通过上述的方法我们能改变数据的状态和数值，可以方便地模拟创造各程序执行下去的条件，以程序的执行情况来判定我们所编写的程序是否符合工艺的要求，以便我们及时对编写的错误程序进行更正。

7 西门子触摸屏的使用

7.1 Wincc Flexible 组态简介

WinCC flexible 是德国西门子（SIEMENS）公司工业全集成自动化（TIA）的子产品，是一款面向机器的自动化概念的 HMI 软件。WinCC flexible 用于组态用户界面以操作和监视机器与设备，提供了对面向解决方案概念的组态任务的支持。WinCC flexible 与 WinCC 十分类似，都是组态软件，而前者基于触摸屏，后者基于工控机。

HMI（人机界面）由硬件和软件两部分组成，硬件部分包括处理器、显示单元、输入单元、通信接口、数据存贮单元等，其中处理器的性能决定了 HMI 产品的性能高低，是 HMI 的核心单元。根据 HMI 的产品等级不同，处理器可分别选用 8 位、16 位、32 位的处理器。HMI 软件一般分为两部分，即运行于 HMI 硬件中的系统软件和运行于 PC 机 Windows 操作系统下的画面组态软件（如 WinCC flexible）。使用者都必须先使用 HMI 的画面组态软件制作"工程文件"，再通过 PC 机和 HMI 产品的串行通信口，把编制好的"工程文件"下载到 HMI 的处理器中运行。本章主要介绍西门子 TP 270 触摸屏，其接口外形如图 7-1 所示，接口功能描述见表 7-1。

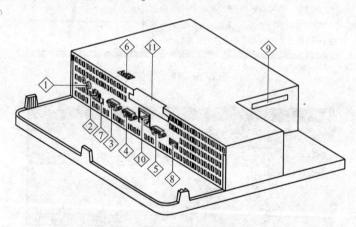

图 7-1 西门子 TP 270 接口排列图

表 7-1 接口功能描述

编号	描　述	应　用
1	接地连接	用于连接到机架地线
2	电源	连接到电源 +24V DC
3	接口 IF1B	RS 422/RS 485（未接地）接口
4	接口 IF1A	用于 PLC 的 RS 232 接口

续表 7-1

编号	描　述	应　用
5	接口 IF2	用于 PC、PU、打印机的 RS 232 接口
6	开关	用于组态接口 IF1B
7	电池连接	连接可选备用电池
8	USB 接口	用于外部键盘、鼠标等的连接
9	插槽 B	用于 CF 卡
10	以太网接口（只用于 MP 270B）	连接 RJ45 以太网线
11	插槽 A（只用于 MP 270B）	用于 CF 卡

7.1.1　触摸屏设备的装载程序

图 7-2 显示了触摸屏设备启动期间和运行系统结束时迅速出现的装载程序。装载程序各按钮具有下述功能：

（1）按下"传送（Transfer）"按钮，将触摸屏设备切换到传送模式，等待组态画面的传送。

（2）按下"开始（Start）"按钮，启动运行系统打开触摸屏设备上已装载的项目。

（3）按下"控制面板（Control Panel）"按钮，访问 Windows CE 控制面板，可在其中定义各种不同的设置。例如，可在此设置传送模式的各种选项和参数。

（4）按下"任务栏（Taskbar）"按钮，以便在 Windows CE 开始菜单打开时显示 Windows 工具栏。

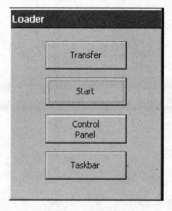

图 7-2　装载程序界面

7.1.2　使用口令保护装载程序

通过分配口令，可以保护装载程序免遭未经授权的访问。如果没有输入口令，则只有"传送（Transfer）"和"开始（Start）"按钮可以使用。这将防止错误操作，并增加系统或机器的安全性，因为控制面板中的设置不会被更改。

7.2　触摸屏组态实例

7.2.1　任务提出

使用 WinCC flexible 软件对电机启停进行组态，组台画面具有启动、停止两个按钮，并且能显示时间。硬件使用西门子 TP 177B color PN/DP 型触摸屏与 CPU315-2DP 通过以太网方式进行通讯。

7.2.2　任务解决方案

使用 WinCC flexible 软件进行组态需要对触摸屏型号、与触摸屏通讯的 PLC 型号、触摸屏与组态计算机及 PLC 的通讯参数进行设置，下面以项目设计步骤对 WinCC flexible 软件的使用进行简单介绍。

（1）打开 WinCC flexible 软件，新建一个空项目如图 7-3 所示。

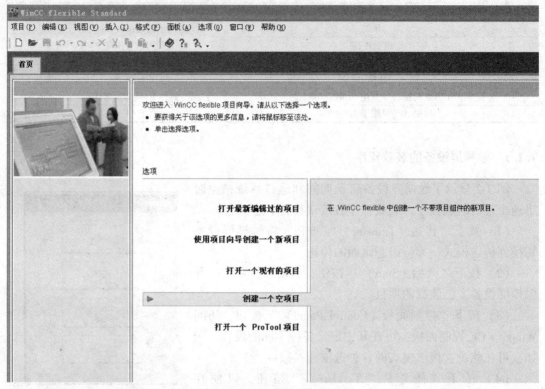

图 7-3　创建一个空项目界面

（2）在设备选择对话框中选取所用触摸屏的型号如图 7-4 所示，本例选用西门子 TP 177B color PN/DP 型触摸屏。

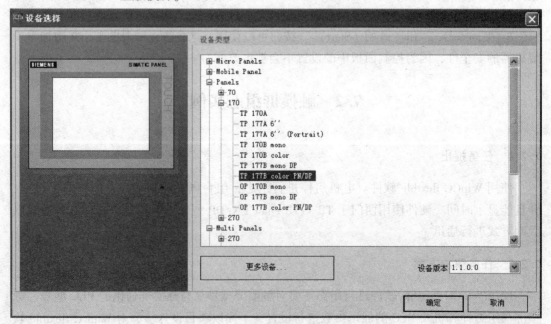

图 7-4　触摸屏型号选择界面

（3）单击确定按钮进入 WinCC flexible 组态界面如图 7-5 所示。

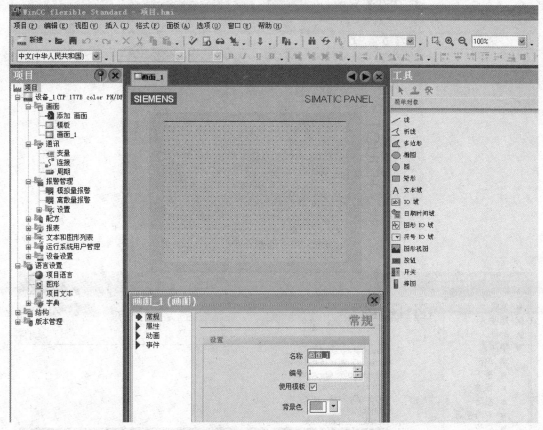

图 7-5　WinCC flexible 组态界面

（4）变量设置。双击图 7-5 界面项目树中"通讯"→"变量"按钮，会弹出图 7-6 界面，建立组态画面变量与 PLC 进行连接，本例中的启动、停止变量分别与 S7300PLC 的 M0.0 和 M0.1 连接。

名称	连接	数据类型	地址	数组计数	采集周期
启动	连接_1	Bool	M 0.0	1	1 s
停止	连接_1	Bool	M 0.1	1	1 s

图 7-6　通讯变量参数设置界面

（5）制作组态画面。双击图 7-5 界面项目树中"画面"→"画面_1"按钮，会弹出画面编辑界面，利用右方绘图工具箱中按钮命令在组态界面中添加"按钮_1"，并将其文本名字修改为"启动"，见图 7-7。

在"启动"按钮属性窗口中单击"事件"子菜单，并且在单击事件中添加"SetBit"函数，如图 7-8 所示。

按钮事件命令设置好以后，下一步将该按钮与 PLC 相应位进行关联，见图 7-9，本案例的启动按钮与第（4）步建立的启动变量相关联。

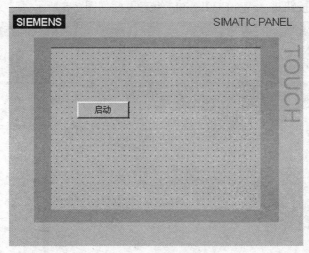

图 7-7 组态界面

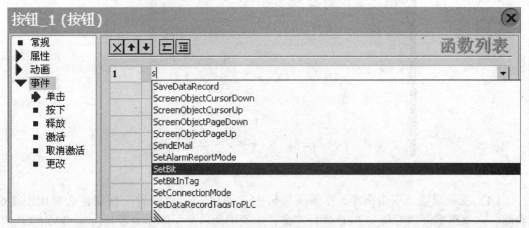

图 7-8 按钮事件设置界面

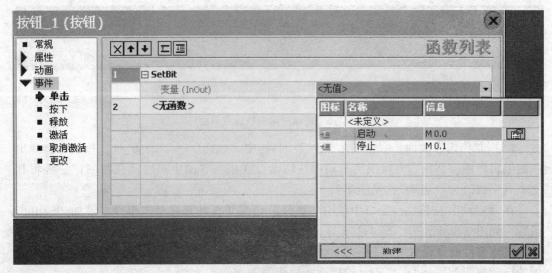

图 7-9 按钮变量设置界面

同样方法制作停止按钮，并使其与停止变量相关联。为使触摸屏在工作中能返回到触摸屏操作系统，需添加一个退出按钮，该按钮的单击事件函数应设置为"StopRuntime"。最后，从工具箱中调用"日期时间域"命令创建一个时间日期显示条，最终组态界面如图 7-10 所示。

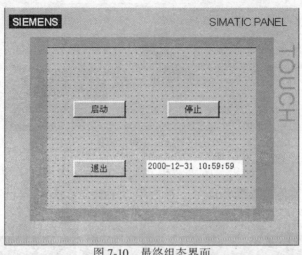

图 7-10　最终组态界面

（6）下载组态画面到触摸屏。在"项目"→"传送"子菜单中单击"传送设置"，见图 7-11，会弹出图 7-12 所示界面。

图 7-11　传送菜单选择界面

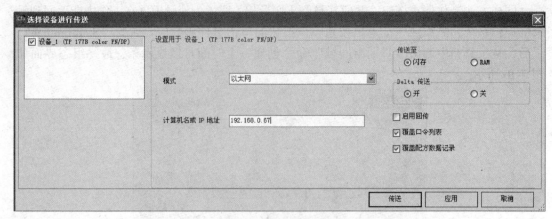

图 7-12　传送参数设置界面

本任务采用以太网方式通讯，所以"模式"应选择以太网，"计算机名称 IP 地址"为触摸屏 IP 地址，其他选项默认即可。最后单击"传送"按钮，出现图 7-13 传送状态后，图 7-10 所制作的组态界面及变量的关联被下载到触摸屏。

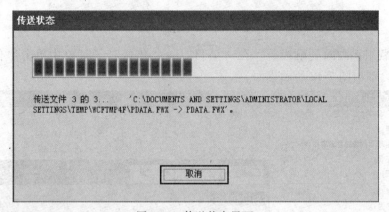

图 7-13　传送状态界面

8 WinCC 组态技巧

8.1 WinCC 概述

工业控制组态软件是可以从可编程控制器、各种数据采集卡等现场设备中实时采集数据，发出控制命令并监控系统运行是否正常的一种软件包，组态软件能充分利用 Windows 强大的图形编辑功能，以动画方式显示监控设备的运行状态，方便地构成监控画面和实现控制功能，并可以生成报表、历史数据库等，为工业监控软件开发提供了便利的软件开发平台，从整体上提高了工控软件的质量。其设计思想应遵循以下原则：功能完备、方便直观、降低成本。

WinCC 是一个在 Microsoft Windows 2000 和 Windows XP 下使用的强大的 HMI 系统。HMI 代表 "Human Machine Interface（人机界面）"，即人（操作员）和机器（设备控制系统，如 PLC 等）之间的界面。一方面 WinCC 与操作员之间进行信息交换，另一方面 WinCC 和自动化系统之间进行信息交换，如图 8-1 所示。

WinCC 用于实现过程的可视化，并为操作员开发图形用户界面供操作员对过程进行观察。过程以图形化的方式显示在屏幕上，每次过程中的状态发生改变，都会更新显示。

WinCC 允许操作员控制过程。操作员可以从图形用户界面操作和控制现场设备。一旦出现临界过程状态，将自动发出报警信号；如果现场的过程值超出了预定义的限制值，屏幕上将显示一条消息。

在使用 WinCC 进行工作时，既可以打印过程值，也可以对过程值进行电子归档。这使得过程的文档编制更加容易，并允许以后访问过去的生产数据。

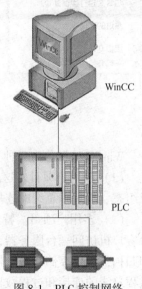

图 8-1　PLC 控制网络
监控结构图

WinCC 具有模块化的结构。它由基本的 WinCC 系统组成，另外还提供了许多 WinCC 选项和 WinCC 附加软件。基本 WinCC 系统由组态软件（CS）和运行系统软件（RT）组成。组态软件用来创建项目；运行系统软件则用于运行和执行项目。

基本 WinCC 系统包含的子系统有：图形系统、报警记录、归档系统、报表系统、通讯、用户管理等。

WinCC 选件允许用户扩展基本 WinCC 系统的功能。每一个选件均需要一个专门的许可证。

8.2 WinCC 使用

8.2.1 新建项目

启动 WinCC，建立一个新的 WinCC 项目，如图 8-2 所示。弹出 WinCC 项目管理器窗口，如图 8-3 所示。

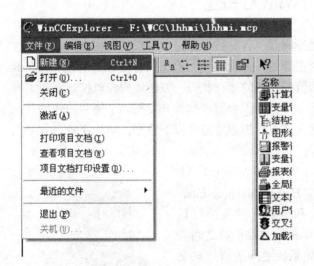

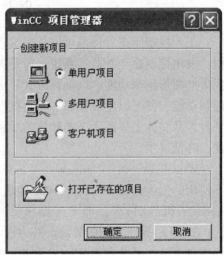

图 8-2　新建窗口图　　　　　　　　图 8-3　WinCC 项目管理器窗口

WinCC 项目分为三种类型：

（1）单用户项目。这是一种只拥有一个操作终端的项目类型。在此计算机上可以完成组态、与过程总线的连接以及项目数据的存储。

（2）多用户项目。特点是同一项目使用多台客户机和一台服务器，在此最多可有 16 台客户机访问一台服务器，可以在服务器或任意客户机上组态。项目数据，如画面、变量和归档，最好存储在服务器上，并且使它们能被所有客户机使用。服务器的功能是执行与过程总线的连接和过程数据的处理。运行系统通常由客户机控制。

（3）多客户机项目。这是一种能够访问多个服务器的数据的项目类型，每个多客户机和相关的服务器都拥有自己的项目。在服务器或客户机上完成服务器项目的组态；在多客户机上完成多客户项目的组态。最多 16 个客户机或多客户机能够访问服务器，在运行时多客户机能访问至多 6 个服务器，也就是说，6 个不同的服务器的数据可以在多客户机上的同一幅画面中可视化显示。

不同的项目类型之间可以切换，在此我们选择"单用户项目"，然后在标签管理器（Tag Management）中选择添加 PLC 驱动程序。点击"确定"后弹出如图 8-4 所示的对话窗口，完成项目名称、新建子文件夹等内容填写后点击创建按钮，完成 WinCC 新建项目的创建任务。

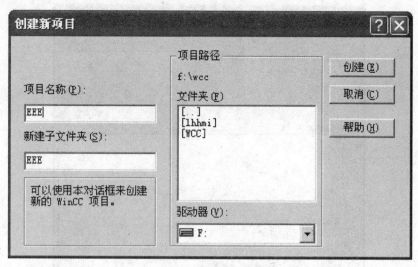

图 8-4　新建项目窗口

8.2.2　计算机属性设定

　　如图 8-5 所示，右键点击"计算机"，在弹出的对话框中选择"属性"，弹出计算机列表属性窗口，如图 8-6 所示。

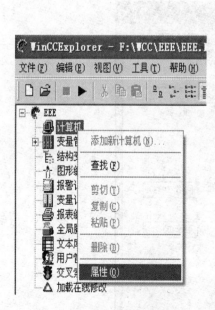

图 8-5　计算机属性设定窗口

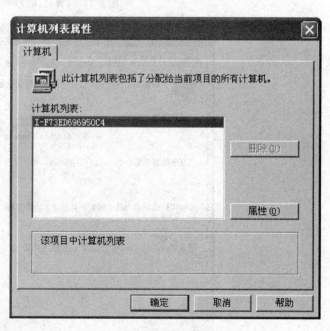

图 8-6　计算机列表属性

　　点击"属性"按钮，弹出计算机属性设定窗口，如图 8-7 所示。计算机名称应和使用的电脑计算机名称相同，电脑计算机名称可在"我的电脑"属性里找到，如图 8-8 所示。

　　改正计算机名称后点击"启动"，进入启动选项设定，如图 8-9 所示。选择 WinCC 运行时的启动顺序里我们要用到的操作系统后确定。

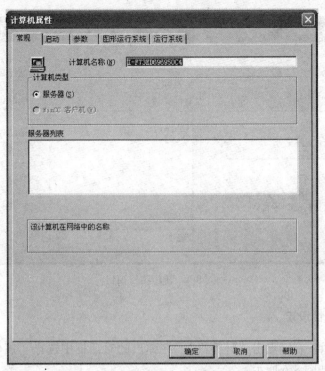

图 8-7　计算机属性窗口

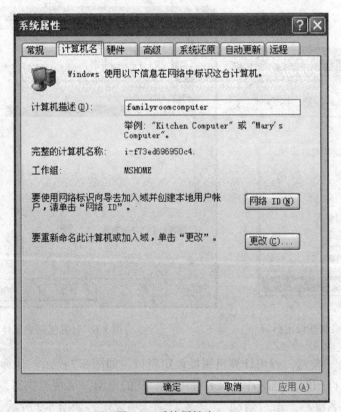

图 8-8　系统属性窗口

图 8-9 启动选项设定

退出后再点击"参数",弹出参数修改选项,如图 8-10 所示,"禁止键"选择,主要

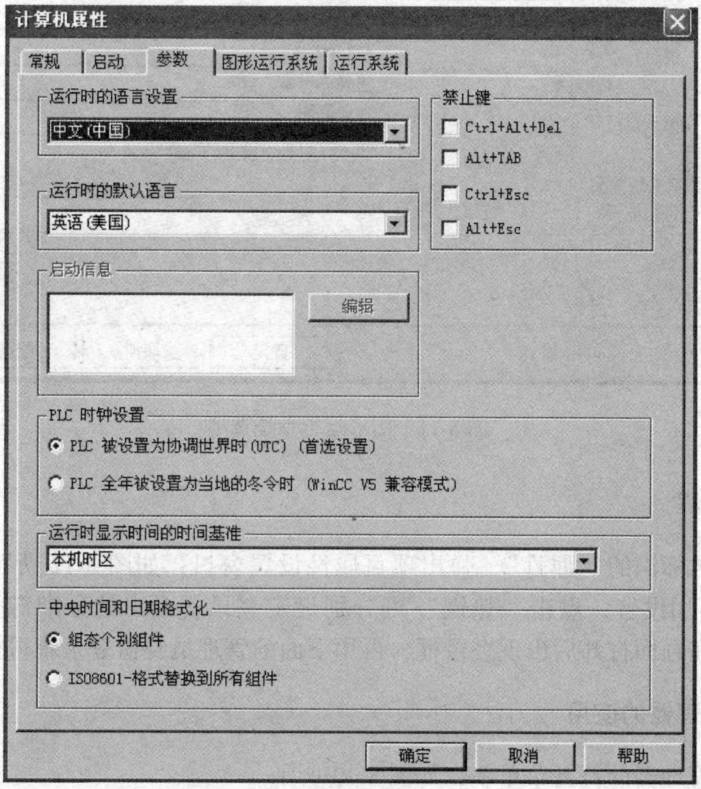

图 8-10 参数修改选项

是为了防止无管理员权限的操作人员在观看画面的同时打开电脑的其他功能而影响 WinCC 运行。选择后"确定"。

点击"图形运行系统",弹出如图 8-11 所示选项,设置启动画面和窗口属性。由于每一个系统可能分好几部分功能,而每个功能系统都有一个画面,那么启动画面是指打开 WinCC 先启动哪个功能系统的画面。窗口属性指的是画面和电脑显示屏的尺寸配合,一般选全屏。选定后点"确定"。

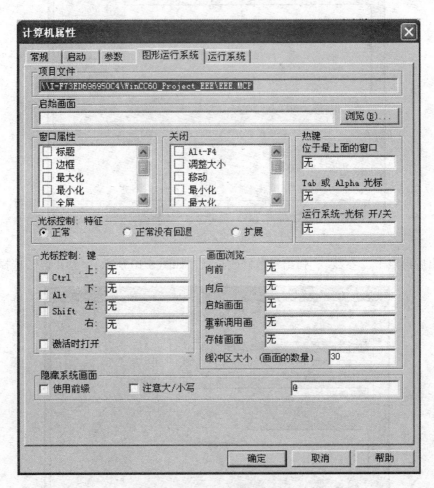

图 8-11 图形运行系统选项

8.2.3 登录工程

点击工程名标识的"属性",弹出项目属性设置窗口,如图 8-12 所示。"常规"和"更新周期"不用设置,点击"热键"可分别设定登录、退出的分配键盘,按"确定"保存分配,则在画面打开后出现登录框,再用下面的管理员身份登录获得操作权。

8.2.4 用户管理器的使用

点击用户管理器的打开菜单项,如图 8-13 所示。

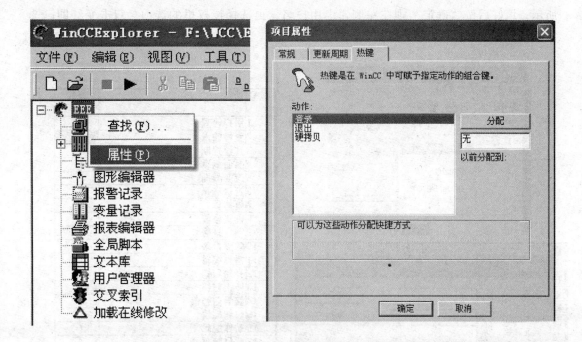

图 8-12　工程项目属性设置窗口

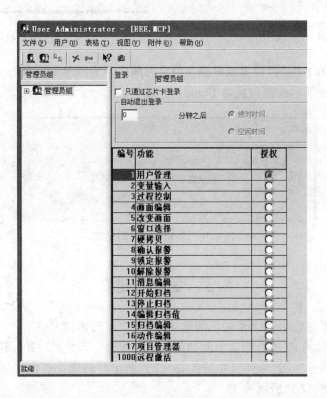

图 8-13　用户管理器窗口

点击管理员组"添加用户",在登录里填写用户名和口令,登录名用英文,如图 8-14

所示。填好后按"确定"则在左侧弹出用户名,再选择授权里的选项,双击变红即已选定该项授权,如图 8-15 所示。

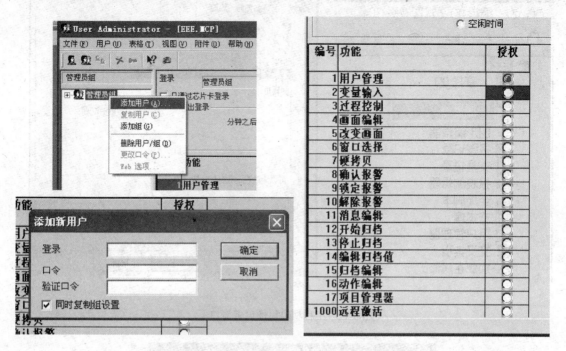

图 8-14   添加新用户   图 8-15   授权设置

自动退出登录时间是指键盘或鼠标在设定时间内不动则退出原身份登录,若再登录需重新登录。图 8-16 所示画面设置为 10min,完成后关闭画面即可,该设定自动保存。

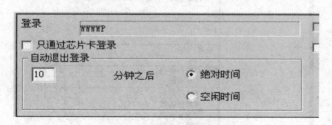

图 8-16   自动退出时间设定

8.3   变量的建立

点击"变量管理"里的"添加新的驱动程序",如图 8-17 所示。

若是 S7-300/400 的 PLC 则选上面加蓝的驱动程序,若是 S7-200 则选择 OPC. chn 驱动程序,点击"打开"。过后弹出如图 8-18 (a) 所示对话框,点击"属性"打开连接属性窗口,如图 8-18 (b) 所示。

再点击"属性"按钮,弹出如图 8-19 所示的连接参数设置窗口。"站地址"可从 PLC 编程软件里的硬件配置里双击 CPU 弹出的画面看到,如图 8-20 所示,此处为 2;"段 ID"和"机架号"按默认设置;"插槽号"为机架上 CPU 的槽位,此为 2。

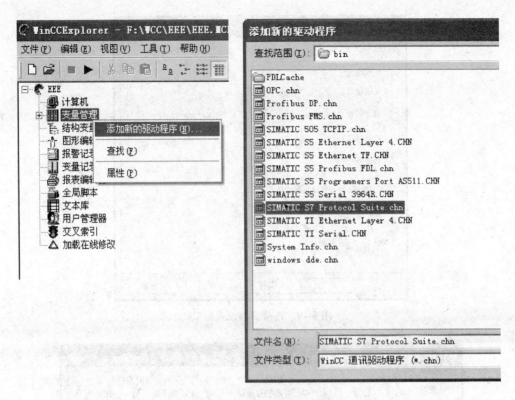

图 8-17 添加新的驱动程序窗口

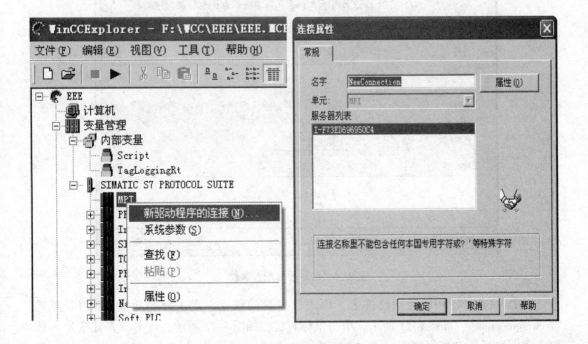

图 8-18 连接属性窗口

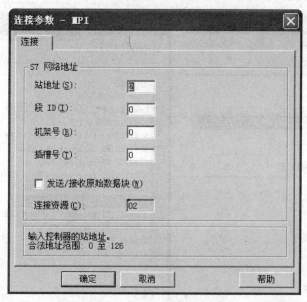

图 8-19 连接参数设置窗口

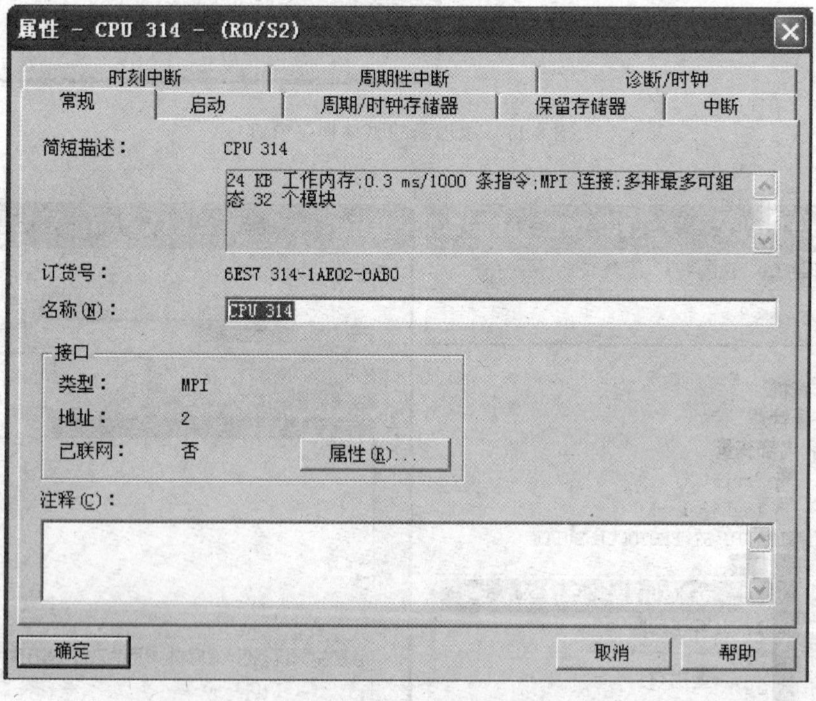

图 8-20 PLC 硬件配置属性

以上 WinCC 与 PLC 通讯已连上，再进行变量的联系。点击外部变量 "MPI" 里的 "Newconnection"，如图 8-21 所示。单击鼠标右键，如图 8-22 所示，点击 "新建变量" 按钮，弹出如图 8-23 所示视窗。

二进制变量为开关量，状态为 0、1；其他为存储区或模拟量变量，数值为 2 的 N 次方的 N 次相加。以二进制为例，点击 "选择" 按钮，设置地址属性，如图 8-24 所示。

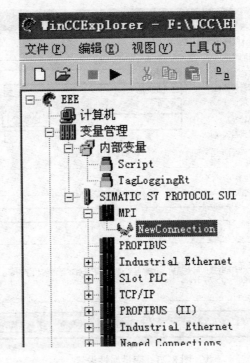

图 8-21 变量设置

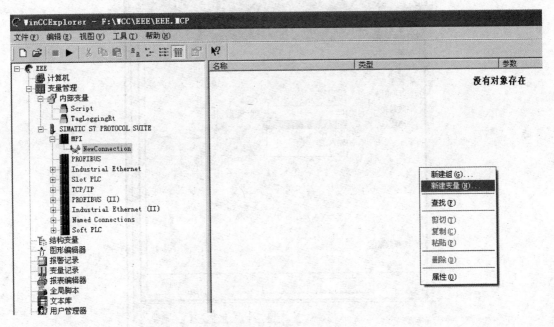

图 8-22 新建变量窗口

"数据"下拉菜单项，假设我们选输入点，则点击"输入"项，如图 8-25 所示。此点为 I0.0，再点"确定"则完成了变量的建立，如图 8-26 所示。WinCC 调用该变量时就是由 PLC 里的 I0.0 点过来的。

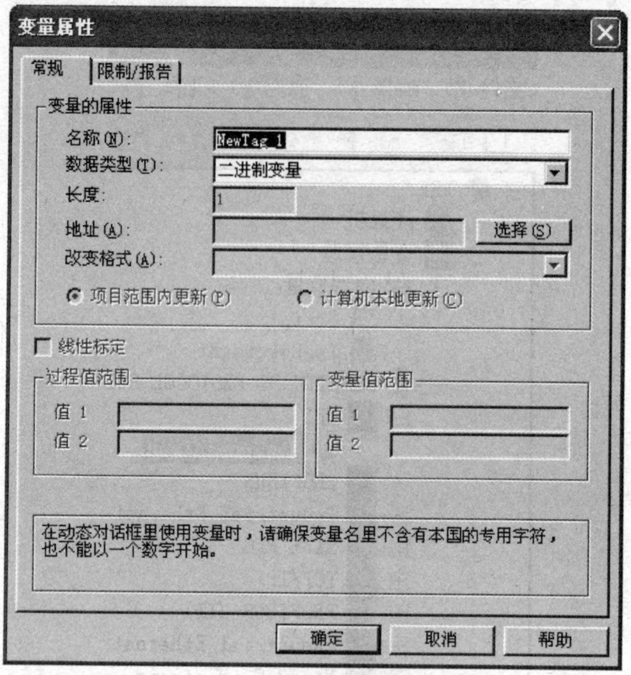

图 8-23 变量属性设置

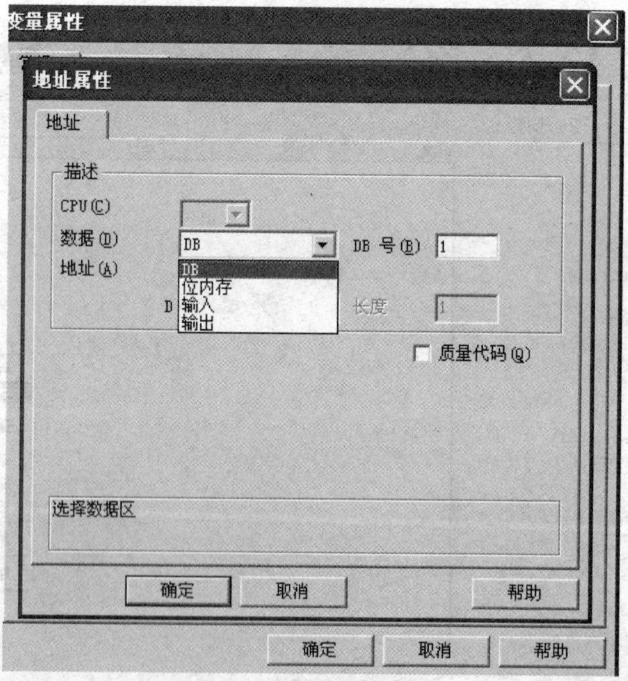

图 8-24 地址属性设置

模拟量的设置方法同上，若为 MW0 需设成无符号 16 位，如图 8-27（a）所示，要设置 MD 为 32 位，如图 8-27（b）所示。

图 8-25 输入地址设置

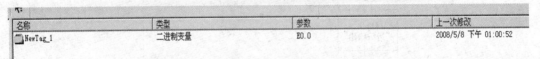

图 8-26 地址列表

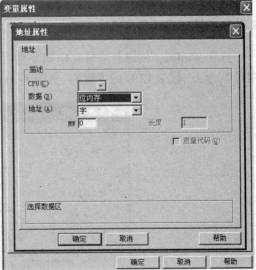

图 8-27 模拟量属性设置

8.4 WinCC 应用实例

以下以 WinCC 控制电机启停为例，在上位机 WinCC 组态画面中控制电机的单向启停。

8.4.1 编写 PLC 程序

按照 PLC 硬件组态的步骤创建新项目、进行硬件组态，保存并下载，编辑符号表并保存，如图 8-28 所示。

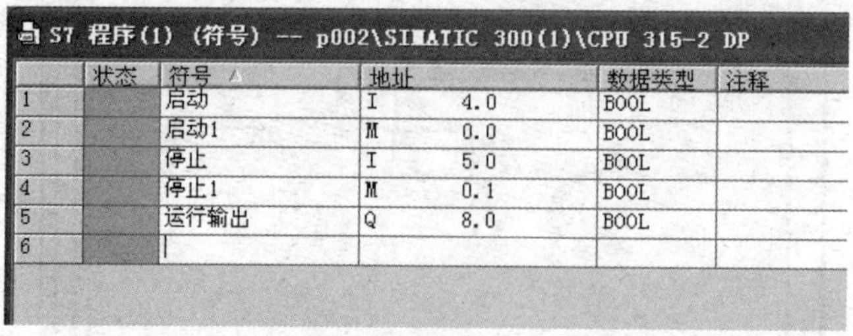

	状态	符号 △	地址		数据类型	注释
1		启动	I	4.0	BOOL	
2		启动1	M	0.0	BOOL	
3		停止	I	5.0	BOOL	
4		停止1	M	0.1	BOOL	
5		运行输出	Q	8.0	BOOL	
6						

图 8-28　PLC 地址符号

在 OB1 编写程序，保存并下载到 PLC，如图 8-29 所示。

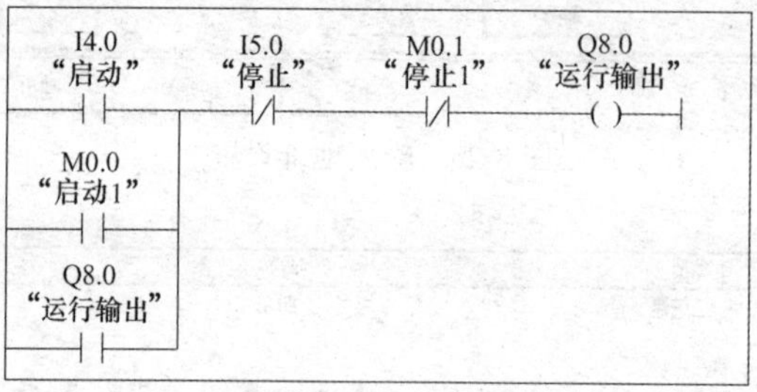

图 8-29　OB1 程序

8.4.2 创建 WinCC 监控

打开 WinCC，创建新项目，添加驱动程序，创建连接，设置连接参数（本例中"插槽号"为 2，代表 CPU 的位置），如图 8-30 所示。

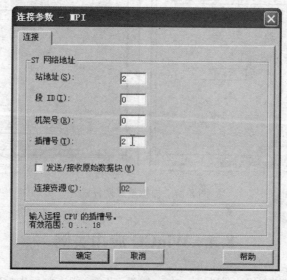

图 8-30　连接参数设置

在新建连接中创建"停止 1"和"运行输出"变量，注意修改地址。"运行地址"变量的"数据"选项应选择"输出"，如图 8-31 所示。

名称	类型	参数
启动1	二进制变量	M0.0
停止1	二进制变量	M0.1
运行输出	二进制变量	A8.0

图 8-31 变量列表

打开图形编辑器，创建按钮，双击按钮打开"对象属性"对话框，如图 8-32 所示。在"事件"选项卡中选择"鼠标"，在"按左键"后的图标上单击右键，选择"直接连接"进入图 8-33 所示设置参数，单击图示位置选择变量，然后单击"确定"。

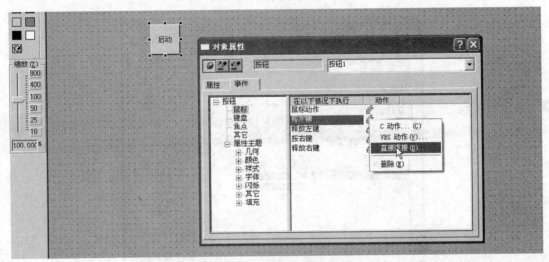

图 8-32 按钮属性对话框

图 8-33 "按左键"参数设置

同样在"释放左键"后的图标上单击右键，选择"直接连接"，设置对应参数。

用与"启动"按钮同样方法创建并设置"停止"按钮，不同的是"按左键"和"释放左键"的目标变量选择"停止 1"。

添加一个圆作为指示灯，双击该组件打开设置窗口，在"属性"选项卡中选择"颜色"，在"背景颜色"后的灯泡图标上单击右键，选择"动态对话框"，在弹出对话框中选择"布尔型"，单击"表达式/公式"栏后面的"..."按钮，在弹出窗口中选择"运行输出"变量，确定后回到当前窗口，双击"背景颜色"标题下的色块来改变颜色，单击"触发器"图标，在弹出窗口中双击"2 秒"并改为"根据变化"，确定后单击"应用"，如图 8-34 所示。

完成以上设置后，单击"运行系统"图标进行操作和监视。

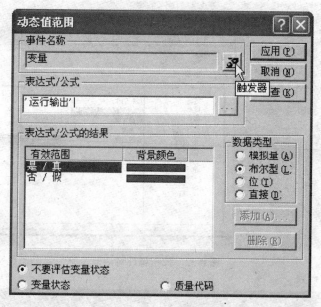

图 8-34   指示灯参数设置

9 Drive ES 使用介绍

9.1 Drive ES 简介

Drive ES 是 Drive Engineer System 的简称，是一种方便工程师现场调试的应用工具。

9.1.1 Drive ES 软件包的内容及订货号

（1）Drive ES Basic V5.2，Order No. 6SW1700-5JA00-2AA0。

（2）Drive ES Graphic V5.2（optional），Order No. 6SW1700-5JB00-2AA0。

（3）Drive ES SIMATIC V5.2（optional），Order No. 6SW1700-5JC00-2AA0。

（4）Drive ES PCS7 V5.2（optional），Order No. 6SW1700 5JD00-2AA0。

9.1.2 软件包中各功能介绍

Drive ES Basic 用于方便的启动，维护和诊断所有西门子传动装置，既可以作为选件集成在 STEP7 中，或在无 STEP7 时，作为独立软件安装在 PG/PC 中。Drive ES Basic 是必须要安装的，为了实现参数的在线设置。

Drive ES Graphic 是 Drive ES 的一个选件，应用于连接 SIMATIC-TOOL CFC，用在 SIMO-VERT MASTERDRIVES 中所存在功能（基本装置、工艺功能和自由功能块）的图形化配置。

Drive ES SIMATIC 提供了 SIMATIC 功能库，以便通过简单的参数设置便可配置 SIMATIC S7-CPU 和西门子传动装置（如 SIMOVERT MASTERDRIVE）之间的通讯。

Drive ES PCS7 提供了一个带有画面和控制功能块的功能库，利用该库，西门子传动装置基于转速接口，能够装入过程系统至 PCS7 中，通过传动装置面板传动装置由操作点（OS）进行操作和观察，PCS7 库可以独立安装。

9.1.3 Drive ES 的安装使用说明

（1）Drive ES Basic 的安装。Drive ES 可以运行在 WINDOWS 95/98/NT/2000/XP，至少 32M 的 RAM，运行 Drive ES Graphic 和 Drive ES SIMATIC 需 130MB 内存。

（2）安装 Drive ES Basic 分两种情况。一是随 SIMATIC STEP7 一起安装，如果已经安装了 STEP7，则 Drive ES Basic 作为其附件安装，安装时要选择 STANDER 模式。二是单独安装（如没有 STEP7），如果没有安装 STEP7 软件，也可以单独安装 Drive ES Basic，安装时选择 STANDER ALONE 模式。

（3）Drive ES 的授权和升级。Drive ES 没有专门的授权软盘，在安装时需要接受版权要求；Drive ES 不能从西门子网站上下载；拥有旧版本授权的用户可以低价获得新的版本升级。

（4）Drive ES Basic 的功能。在线上传装置参数；在线下载装置参数；参数设置能够自由组合和处理；通过 USS 或 PROFIBUS 的通讯控制；对工艺板配置。

（5）Drive ES Basic 的特殊应用。安装了 DRIVE ES 和 SIMATIC NET，可以在没有控制器（PLC／CPU）的情况下，直接对变频器进行通讯控制；如果又同时安装了 WinCC 软件，则可以通过 WinCC 操作对变频器进行通讯控制。

9.2 基于以太网和 Drive ES 调试 6RA70 直流调速器

PC 机经以太网通过 PLC 转换到 PROFIBUS 和 6RA70 建立通讯。这样，一省去 232／485 电缆；二不需插拔；三不需要另外的板卡，为安全调试提供了便利，但 PC 需要安装 Drive ES 软件。

9.2.1 硬件配置

（1）PC 机（带网卡）。

（2）CPU 315-2 PN／DP（带以太网和 PROFIBUS 接口）。

（3）6RA70（带 CBP2 通讯板，支持 PROFIBUS 通讯）。

（4）交换机。

9.2.2 软件配置

（1）Drive ES BASIC Shared Components，V5.5 SP1。

（2）STEP 7 Professional 2010 V5.5 SP3，或 STEP7 V5.5 SP4。

9.2.3 步骤

（1）CPU 315-2 PN／DP 基本硬件组态，见图 9-1。CPU 315-2 PN／DP 的 IP 地址为 192.168.1.177。

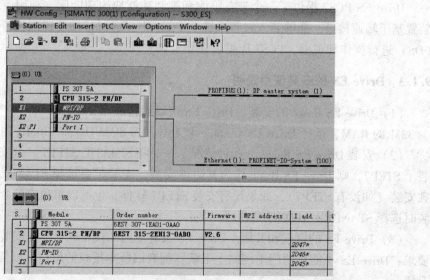

图 9-1 基本硬件组态

（2）添加 6RA70。从右边 Drive ES 的 PROFIBUS-DP 设备列表中选择 DC MASTER CBP2 添加到 PROFIBUS（1）总线上，这里 CPU315-2PN/DP 的 DP 地址为"2"，6RA70 的地址为"3"，见图 9-2。

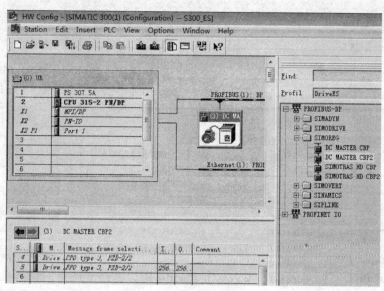

图 9-2　设备类型选择

（3）通讯网络组态。点击 HW Config 中的网络组态按钮，当前网络组态见图 9-3。S7-300 和 6RA70 已经 PROFIBUS 建立了连接。

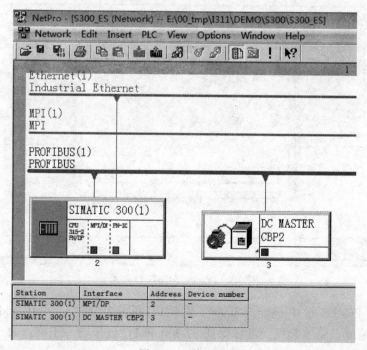

图 9-3　网络组态

（4）添加 PG/PC 机。从右边 Stations 中选择 PG/PC 添加到左边的工作窗口，见图 9-4。

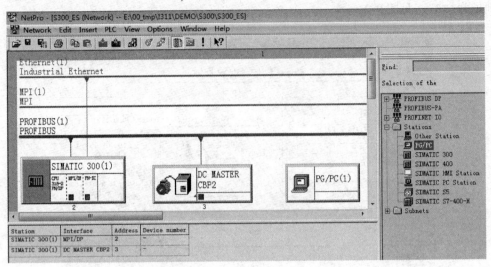

图 9-4　添加 PG/PC 机

（5）指定 PG/PC 网络接口方式。双击 PG/PC 图标，打开属性对话框。在 Interfaces 中点击"New"，于随后打开的窗口中选择"Industrial Ethernet"通讯类型，见图 9-5。

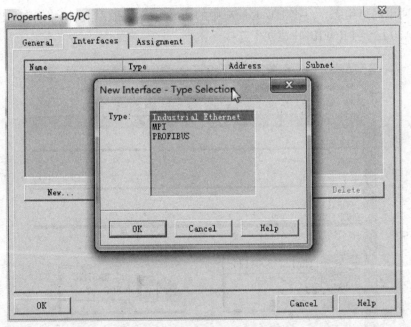

图 9-5　PG/PC 网络接口方式

（6）设置 PG/PC 的 IP 地址。图 9-6，比照 PC 机的 IP 地址，在 IP address 栏中设置 PG/PC 的 IP 地址。简单起见，最好保证 S7-300 和 PC 处于同一子网，如 S7-300 的 IP = 192.168.1.177，PC 的 IP = 192.168.1.99。

（7）指定 Ethernet 端口参数。在 Interface Parameter Assignments in the PG/PC 列表中

选择 PC 的网卡，再点击 "Assign" 按钮，完成参数指定，见图 9-7 和图 9-8。

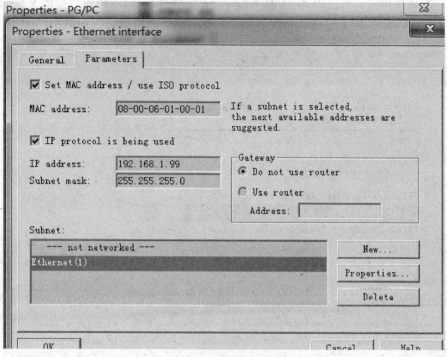

图 9-6　PG/PC 的 IP 地址

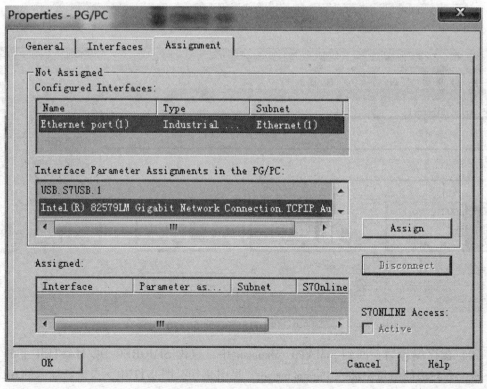

图 9-7　Ethernet 端口参数

在图 9-8 中，要保证 S7ONLINE Access 处于"激活"状态。

（8）上述操作完成后，由 S7-300、6RA70 以及 PC 构成的网络组态如图 9-9 所示。图 9-9 中，PC 经以太网通过 S7-300 转换后再经 PROFIBUS 就可以访问 6RA70。

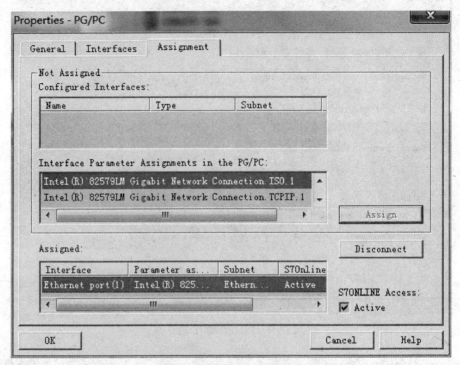

图 9-8　激活 S7ONLINE Access

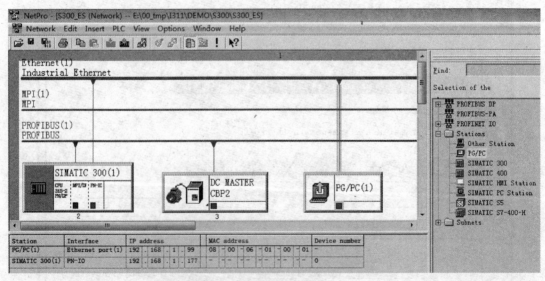

图 9-9　PROFIBUS 访问 6RA70

（9）保存编译后，回到 SIMATIC Manager 中，点击 SIMOREG DC MASTER 下的 Parameter，在右边的窗口中插入 Parameter set，见图 9-10。图 9-11 中，点击新插入的 6RA70 参数表 Parameter set（1），随即打开 Drive Monitor，如图 9-12 所示。

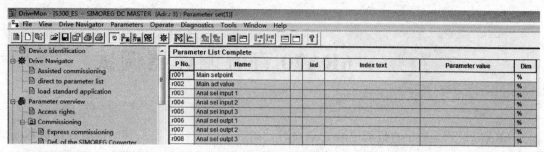

图 9-10　6RA70 参数表

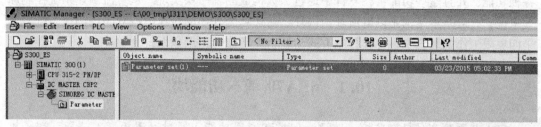

图 9-11　基本界面

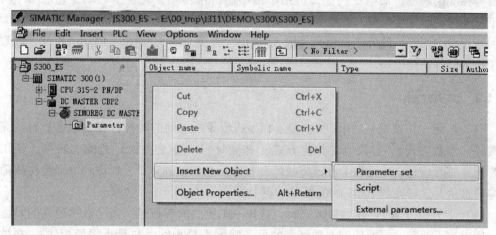

图 9-12　新插入 6RA70 参数表

10 6RA70 直流调速器调试

6RA70 系列全数字直流调速装置采用两台高效能的微处理器及其附加电路组成数字控制系统，用以完成系统的自动调节控制、逻辑操作、故障诊断、运行状态和故障显示等各种功能，并且这些功能可在软件中通过参数构成的程序块实现。从直流调速系统控制原理来说，它最基本结构是以电流环为内环、转速环为外环的转速电流双闭环调速系统。对于四象限工作的装置来说，其控制方式为逻辑无环流可逆调速系统。

10.1　6RA70 基本功能块

6RA70 系列产品具有监控、监测、保护和通讯功能，通过通讯板、工艺板、端子扩展板等标准模块可扩展系统功能，适用于像印刷机主传动、轧机主传动、卷取/开卷机、造纸机等对动态性能、静态性能要求较高的电力拖动系统。双闭环系统构成基本结构为电枢回路和励磁回路，此外还有模拟量输入/输出、开关量输入/输出、电动电位计、限幅器和预控制器等功能模块。

10.1.1　面板介绍

(1) P 键（切换键）：用于参数编号和参数值显示之间的转换，在变址参数时，完成参数号（参数方式）、参数值（数值方式）和变址号（变址方式）之间的转换。还用于应答现有故障信息，P 键和上升键将故障和报警信息切换到背景，P 键和下降键将故障和报警信息从背景切换到 PMU 的前景显示板上。

(2) 上升键（▲）：在参数方式时，选择一个更高的参数号，当已显示最高的参数号时，再次按下此键，将返回到参数区域的另一端（即最大编号与最小编号相邻）。在数值方式，增加所设置参数的数值。在变址方式，增加变址值（只对变址参数）。如果同时按下上升键与下降键，可加速一个调整过程。

(3) 下降键（▼）：在参数方式时，选择一个较低的参数号，当已显示最低的参数号时，再次按下此键，将返回到参数区域的另一端（即最小编号与最大编号相邻）。在数值方式，减小所设置参数的数值。在变址方式，减小变址值（只对变址参数）。

(4) 发光二极管 LED 的功能：准备（Ready、黄色）——准备运行；运行（Run、绿色）——在"允许运行"状态亮；故障（Fault、红色）：在"出现故障信号"状态亮，在"报警信号"闪亮。

(5) X300 串口：主要是用来通讯使用、数据的上传和下载如 Driver Monitor 的监控使用。

如图 10-1 所示。

10.1.2 6RA70术语和功能的一般说明

10.1.2.1 功能块

尽管图解功能块以数字形式（软件模块）实现，但仍可以像读模拟设备线路图那样来识别功能图。

10.1.2.2 连接器

功能块中所有的输出变量和重要的计算量都以"连接器"的形式出现（例如：为了进一步的处理，将输入信号接到其他的功能块）。通过连接器选取的量与输出信号或在模拟电路中的测量点相对应，并且由他们的"连接器号"来识别（例如：K0003＝连接器3）。

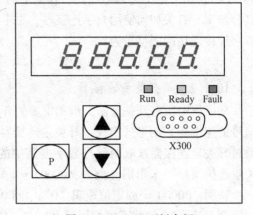

图 10-1 6RA70 面板介绍

特例：K0000 至 K0008 为信号电平相应为 0，100%，200%，−100%，−200%，50%，150%，−50%和−150%的固定值。K0009 分配给不同的信号数值，实际涉及到的信号数值依赖于连接器号 9 设置在哪一个选择开关（参数）。在参数表的相关参数号中可以找到说明，如果在参数表或方框图中没有包含任何一个与所选择连接器 K0009 有关系的特殊功能，则相关的选择开关（参数）一定不能设为"9"。

在软件中连接器内部数字的表示方法一般如下：100%对应 4000（十六进制）＝ 16384（十进制），分辨率是 0.006%（阶跃变化）。

连接器的值范围为−200%～+199.99%。

例：通过装置对装置 2 接收到的数据可用到连接器 K6001 至 K6005，见图 10-2。

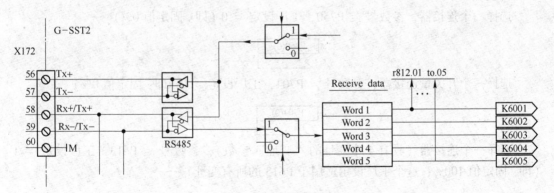

图 10-2 接收数据

10.1.2.3 双字连接器（自版本 1.9 起）

双字连接器是具有 32 位数值范围的连接器（即带有数值范围从 00000000 Hex ～ FFFFFFFF Hex 的一个双字的低字和高字）。

−100%～+100%相应于连接器值从 C0000000 Hex～40000000 Hex（＝ −1073741824 ～ +1073741824十进制）。这意味着，对于相同的数值范围，一个双连接器的前 16 位（高字）同一般的连接器一样（C000 Hex～4000 Hex 或−16384～+16384 十进制是用于−100%～

+100%）。与一般的连接器相比，在低字的 16 位意味着连接器值有一个 65536 系数去提高其分辨率。有关如何使用双字连接器，见下面"选用双字连接器应遵循下列规则"部分。双字连接器功能图符号为：

10.1.2.4 开关量连接器

功能块中所有开关量输出量和重要的开关量输出信号都以"开关量连接器"（开关量信号的连接器）的形式出现，开关量连接器可以假设为逻辑状态"0"或逻辑状态"1"，通过开关量连接器选取的量与数字电路中的输出信号或测量点相关，并且由它们的"开关量连接器号"来识别（例如：B0003＝开关量连接器 3）。

特例：B0000 ＝ 固定值逻辑"0"；B0001 ＝固定值逻辑"1"。

例：端子 36 的状态可作用到 B0010，在开关量连接器 B0011 中取反，见图 10-3。

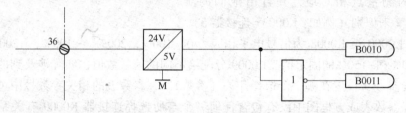

图 10-3   开关量连接

10.1.2.5 选择开关

连接功能块的输入通过设置适当的选择参数，在"选择开关"中定义。输入由填入的连接器或开关量连接器号来确定，并作为相应的选择开关参数的输入量。在功能图中表示为（例）：

选择一个连接器，参数号 = P750，工厂设定 = 0（即：固定值 0%）——

选择一个开关量连接器，参数号 = P704，工厂设定 = 0（即：固定值 0%）——

选择一个连接器（具有 4 个变址的"变址"参数），参数号 = P613，工厂设定 = 1（即：固定值 100%；这个工厂设定适用于 P613 的所有变址）——

选择连接器（具有 4 个变址的"变址"参数），参数号 = P611，工厂设定变址 .01 = 277（即：与连接器 K0277 连接），工厂设定变址 .02 至 .04 = 0（即：固定值 0%）——

P611	WE	
		.01
K	277	.02
K	0	.03
K	0	.04
K	0	

选择开关量连接器（具有4个变址的"变址"参数），参数号 = P046，工厂设定 = 0（即：固定值0，这个工厂设定用于P046的所有变址）——

P046(0)	
	.01
B	.02
B	.03
B	.04
B	

选择一个双字连接器（自版本1.9起），参数号 = U181，工厂设定 = 0（即：固定值0%）——

U181(0)
KK

经选择的设定可以输入到空白区，参数号接下米括号中的数值为所选参数的工厂设定值。

以下给出了如何应用连接器和开关量连接器的例子：

例1：如端子36的一个状态功能（B0010），模拟量选择输入1（端子6和7）无论是正号或负号，都应能在功能块上输出（ = 连接器K0015）。这个输出值必须作为一个附加给定值接入，并且同时输出到模拟输出端子14上。

为了完成正确的链接，需做以下设定：

（1）P714 = 10：选择开关量连接器B0010（端子36的状态）作为符号变换的控制信号。参数P716仍然设置为1（ = 固定值1，出厂状态），因此保证模拟量输入连续地接入。见图10-4。

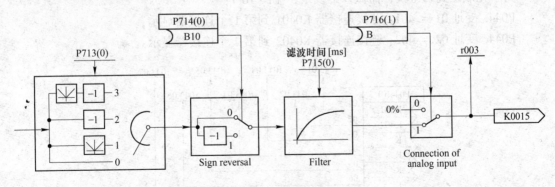

图10-4 模拟量输入

（2）P645 = 15：当给定值被处理后，连接器K0015作为附加给定值输入。见图10-5。

（3）P750 = 15：将连接器K0015用在模拟输出端子14所在功能块的输入。K0015

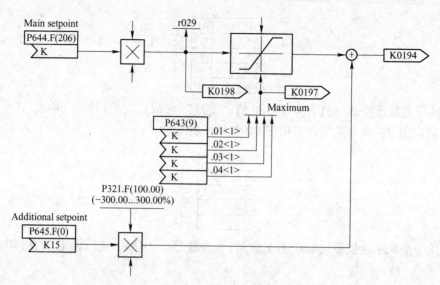

图 10-5　给定值处理

的例子表明它是如何能够以一个连接器用作任何功能块的输入信号。见图 10-6。

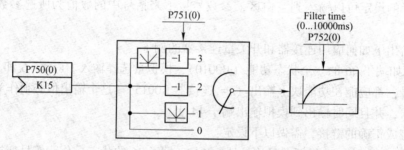

图 10-6　模拟量输出

例2：连接器 K0401 和 K0402 的内容必须在连接器显示上输出（参数 r043）。

为了完成正确的链接，需做以下设定，见图 10-7：

P044. 变址 01 = 401：链接连接器 K0401 到第 1 个连接器显示；

P044. 变址 02 = 402：链接连接器 K0402 到第 2 个连接器显示。

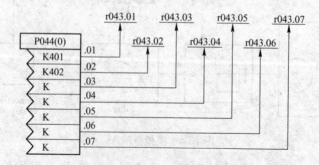

图 10-7　K0401 和 K0402 连接示意

以下数值目前在参数 r043 中显示：

r043. 变址 01：连接器 K0401 的内容；

r043. 变址 02：连接器 K0402 的内容；

r043. 变址 03 至 r043. 变址 07：参数 P044. 变址 03 至 07 维持工厂设置（0）（参数号后括号中的值），在本例中，即连接器 K0000（ = 固定值 0）的内容在 r043. 变址 03 至 07 中显示。

10.2　6RA70 通讯板 CBPX 解读

CBP2 通讯板是 SIMOREG DC-MASTER 整流器的通讯处理机，它负责控制 SIMOREG DC-MASTER 与 SIMATIC S7-300 之间的数字通讯，SIMOREG DC MASTER 接入 PROFIBUS-DP 网中接受控制，必须要与 CBP2 配合使用，在 SIMOREG DC-MASTER 上有固定插槽，来放置 CBP2，CBP2 通讯板将从 PROFIBUS-DP 网中接受到过程数据存入 RAM 中，双向 RAM 中的每一个字都被编址，在整流器的双向 RAM 可通过被编址参数排序，向整流器写入控制字、设置值或者读出实际值、诊断信息等参量。在安装好 CBP 后要使其与 PLC300 通讯还必须进行相关参数设置 SIMOREG DC-MASTER。如图 10-8 和图 10-9 所示。

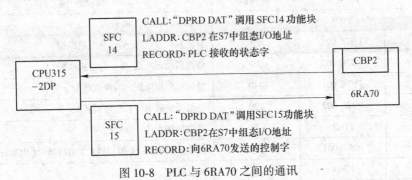

图 10-8　PLC 与 6RA70 之间的通讯

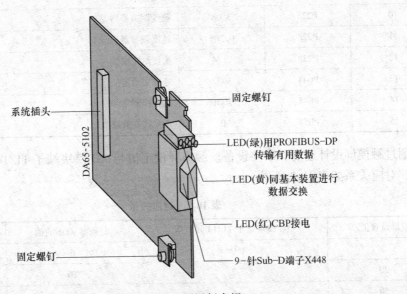

图 10-9　CBP 通讯板介绍

（1）6RA70通讯板CBPX参数设置。首先是设置变频器地址P918＝4，然后设置通讯报文格式PP0 2 设置变频器I/O输入/输出地址，最后设置通讯板参数U711。

（2）选件板（带PROFIBUS总线的通讯板）。通过PROFIBUS协议将装置与其他更高级的自动控制系统连接起来，为显示当前状态运行，此选件板装有3个发光二极管，分别为绿色、黄色、红色：CBP运行时红色显示灯闪烁；与基本装置进行数据交换时黄色显示灯闪烁；通过PROFIBUS总线进行数据传送时绿色显示灯闪烁。正常运行时所有显示灯以相同频率闪烁，如果一个显示灯持续的亮或者灭，就表示有一条异常件（参数设置或故障）。

10.3   6RA70全数字直流调速器参数设置

6RA70参数设置如表10-1所示。

表10-1   参数设置

序号	参数号	参数值	参 数 说 明
1	P051	40	参数修改许可，40许可
2	P076. 001	20	整流器电枢电流,%；与电机匹配
3	P076. 002	20	整流器励磁电流,%；与电机匹配
4	P078. 001	440	整流器电枢电压；与电机匹配
5	P078. 002	220	整流器励磁电压；与电机匹配
6	P082	2	励磁控制方式；自动投入
7	P083. 001	3	速度反馈信号：1模拟机；2编码器；3内部计算EMF
8	P303	10	加速时间
9	P304	10	减速时间
10	P225	3. 08	速度调节器增益P
11	P226	0. 203	速度调节器积分I
12	P228	2174	速度给定滤波
13	P644	3002	速度主给定
14	P648	3001	启停控制字
15	P051	0	不允许参数修改

通过触摸屏设计速度并启停设备。触摸屏设定值与AO模块端子11/14间电压为线性关系，对应关系如表10-2所示。

表10-2   对应关系

触摸屏设置值/%	AO模块端子11/14间电压	变频器r001的值	运行频率
0	0	0	
20	2	10	10
50	5	25	25
80	8	40	40

观察启动/停止时控制字 r550 的变化，结合图 10-10 进行分析 r550 功能。

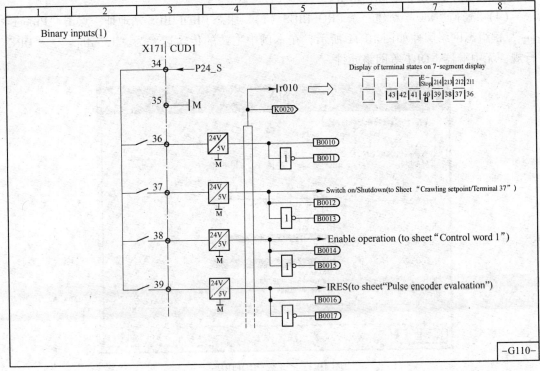

图 10-10　开关量输入端子

端子 X171：38 在调速器操作使能，在任何情况下，此端子必须接通，才能使调速器正常运行。

SIMATIC Manager：下载 PLC 程序。

options/Set PG/PC Interface/TCP/IP（AUTO）

PC IP：192.168.1.30

HMI：192.168.1.177

PLC：192.168.1.100

KA6 吸合

直流调速器：4AX　I/Q 256～I263，2Ak　I/Q 264～I267

10.4　6RA70 通讯程序设计

10.4.1　组态主站系统（操作步骤见第 6 章）

（1）打开 SIMATIC Manager，通过"File"菜单选择"New"新建一个项目 DP_6RA70。

（2）项目屏幕的左侧选中该项目，在右键弹出的快捷菜单中选择 Insert New Object 插入 SIMATIC 300 Station。

（3）打开 SIMATIC 300 Station，在弹出的 HW config 中进行组态，按订货号和硬件安装次序依次插入机架、电源、CPU。

（4）选择"New"新建一条 PROFIBUS（1），组态 PROFIBUS 站地址，点击"Properties"键组态网络属性如图 10-11 所示，在本例中主站的传输速率为"1.5Mbps"，"DP"行规，无中继器、OBT 等网络元件。

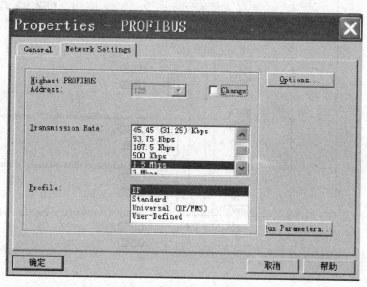

图 10-11　组态 PROFIBUS

（5）点击"OK"键确认并存盘，然后组态 S7-315-2DP 本地模块，结果如图 10-12 所示。

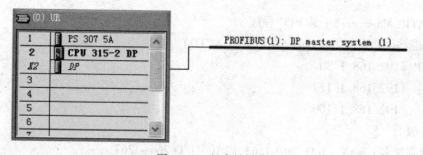

图 10-12　组态结果

10.4.2　组态从站

在 DP 网上挂上 6RA70，并组态 6RA70 的通讯区，通讯区与应用有关，在组态之前应确认通讯的 PPO 类型，本例选择 PPO1，由 4PkW/2PZD 组成。

具体组态步骤如下：

（1）打开硬件组态，在右侧"Profi（standard）"Profibus-DP SIMOREG 双击 DC MASTER CBP2，如图 10-13 所示。

（2）弹出 profibus interface Properties，输入从站地址：4，如图 10-14 所示。

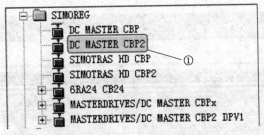

图 10-13 DC MASTER CBP2 组态

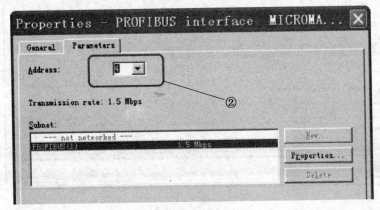

图 10-14 从站地址

（3）在下拉选项中选择 PPO 类型 1，双击 4PkW/2PZD（PPO1），如图 10-15 所示。

（4）从站组态完成，地址分配从 4PkW/2PZD（256~267），如图 10-16 所示。

10.4.3 6RA70 直流调速器参数设置

（1）调试参数（现场 6RA70 设备的参数，与西门子的参数有点差别）：

P927 = 7（参数化的接口使能）

P918 = 4（注意：从站地址必须与硬件组态时保持一致，这里是 4）

U722 = 10S（报文监控时间）

P648 = 3001（PZD1——控制字，K3001 来自第一块 CB/TB 板接收数据字 1）

P644，001 = 3002（PZD2——主给定，K3002 来自第一块 CB/TB 板接收数据字 2）

U734，001 = 32（PZD1——状态字，K32 状态字 1）

U734，002 = 167（PZD2——实际值 K167 选择的速度实际值，带符号）

（2）西门子提供调试参数（摘自《西门子工业网络通讯指南（上）》P172）：

P927 = 40（参数化的接口使能）

P918 = 4（注意：从站地址必须与硬件组态时保持一致，这里是 4）

U722 = 10MS（报文监控时间）

P648 = 3001（控制字 PZD1）

P644，001 = 3002（主给定 PZD2）

U734，001 = 32（状态字，PZD1 反馈值）

U734，002 = 151（实际值，PZD2 反馈值）

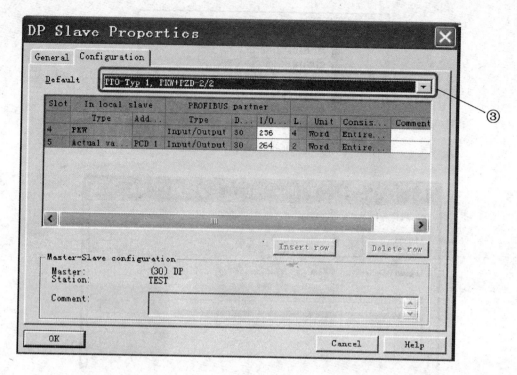

图 10-15　PPO 类型 1

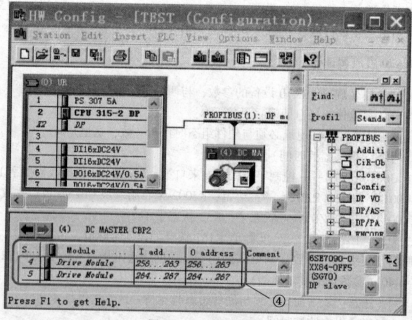

图 10-16　从站组态图

10.4.4　程序的编写

（1）对 PZD（过程数据）的读写：

1）在 Step7 中对 PZD（过程数据）读写参数时调用 SFC14 和 SFC15；

2）SFC14（"DPRD_ DAT"）用于读 Profibus 从站（6RA70）的数据；

3）SFC15（"DPWR_ DAT"）用于将数据写入 Profibus 从站（6RA70）；

4）硬件组态时 PZD 的起始地址：W#16#108（即 264）。

（2）建立数据块 DB1。将数据块中的数据地址与从站（6RA70）中的 PZD、PkW 数据区相对应，如图 10-17 所示。

（3）数据分配。在 OB1 中调用特殊功能块 SFC14 和 SFC15，完成从站（6RA70）数据的读和写，如图 10-18 所示。

Address	Name	Type	Initial value
0.0		STRUCT	
+0.0	PKE_R	WORD	W#16#0
+2.0	IND_R	WORD	W#16#0
+4.0	PKE1_R	WORD	W#16#0
+6.0	PKE2_R	WORD	W#16#0
+8.0	PZD1_R	WORD	W#16#0
+10.0	PZD2_R	WORD	W#16#0
+12.0	PKE_W	WORD	W#16#0
+14.0	IND_W	WORD	W#16#0
+16.0	PKE1_W	WORD	W#16#0
+18.0	PKE2_W	WORD	W#16#0
+20.0	PZD1_W	WORD	W#16#0
+22.0	PZD2_W	WORD	W#16#0
=24.0		END_STRUCT	

图 10-17　数据块 DB1

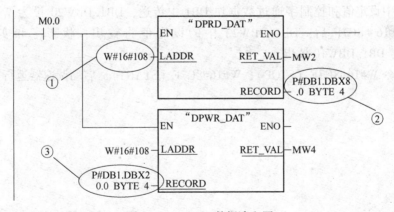

图 10-18　6RA70 数据读和写

其中，LADDR 表示硬件组态时 PZD 的起始地址（W#16#108 即 264）；RECORD 表示数据块（DB1）中定义的 PZD 数据区相对应的数据地址；RET_ VAL 表示程序块的状态字，可以以编码的形式反映出程序的错误等状态。

1）W#16#108（即 264）是硬件组态时 PZD 的起始地址。

2）将从站数据读入 DB1. DBX8. 0 开始的 4 个字节（P#DB1. DBX8. 0 BYTE 4）。

　　PZD1 -> DB1. DBW8（状态字）

PZD2 -> DB1. DBW10（实际速度）

3）将 DB1. DBX20. 0 开始的 4 个字节写入从站（P#DB1. DBX20. 0 BYTE 4）。

　　DB1. DBW20 -> PZD1（控制字）

　　DB1. DBW22 -> PZD2（给定速度）

（4）控制实现，程序如图 10-19 所示。

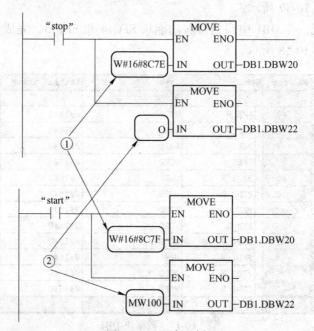

图 10-19　程序示例

在本例中设定值和控制字通过数据块 DB1 中传送，DB1. DBW20 设为 W#16#8C7E，再变为 W#16#8C7F 后，DB1. DBW22 中的设定值将输出；状态字和实际值可从 DB1. DBW8，DB1. DBW10 读出。

控制命令 W#16#8C7E（STOP）；W#16#8C7F（START），启动调速器运行。

11 6SE70 变频器的使用

西门子公司推出的 SIMOVERT MASTERDRIVES 系列变频器可以在世界范围内使用，适用于所有的电源频率和所有的应用标准（EN，IEC，UL，CSA），其包括 MASTERDRIVES 矢量控制型变频器（简称 VC）和 MASTERDRIVES 运动控制型变频器（简称 MC）。SIMOVERT MASTERDRIVES 系列变频器包括紧凑加强型、紧凑型、机架式和柜体式 4 种。本章针对矢量控制型变频器来讲。

SIMOVERT MASTERDRIVES 矢量控制型变频器是全数字技术的，功率部分采用 IGBT 的电压源型交流变频传动装置，它的速度快、精度高、可靠性高，同时效率也高。SIMOVERT MASTERDRIVES 系列通常以订货号 6SE70 开头，因此在很多场合又被称为 6SE70 变频器。

11.1 6SE70 变频器基础

11.1.1 6SE70 变频器的接线

这里以通用 6SE70 变频器的配置举例，说明其接线，如图 11-5 和图 11-6 所示为其标准外部接线。从图中看出有以下几个端口。

11.1.1.1 X101 控制端子排

在控制端子排上提供下列的接线端：4 个可选择的可参数设置的开关量输入和输出；3 个开关量输入；24V 辅助电源（最大 150mA）用于输入和输出；1 个串行接口 SCom2（USS/RS485）。如图 11-1 和表 11-1 所示。

表 11-1 X101 控制端子排说明

端子	标志	含 义	范 围
1	P24 AUX	辅助电源	DC 24V/150mA
2	M24 AUX	参考电位	0V
3	DIO1	开关量输入/输出 1	24V，10mA/20mA
4	DIO2	开关量输入/输出 2	24V，10mA/20mA
5	DIO3	开关量输入/输出 3	24V，10mA/20mA
6	DIO4	开关量输入/输出 4	24V，10mA/20mA
7	DI5	开关量输入 5	24V，10mA
8	DI6	开关量输入 6	24V，10mA
9	DI7	开关量输入 7	24V，10mA
10	RS485 P	USS 总线连接 SCom2	RS485
11	RS485 N	USS 总线连接 SCom2	RS485
12	M RS485	参考电位 RS485	

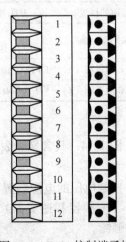

图 11-1 X101 控制端子排

11.1.1.2　X102 控制端子排

在控制端子排上提供下列接线端：用于外部电位计的 10V 辅助电源（最大 5mA）；2 个模拟量输入，可作为电流或电压输入；2 个模拟量输出，可作为电流或电压输出。如图 11-2 和表 11-2 所示。

表 11-2　X102 控制端子排说明

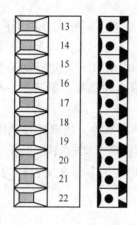

图 11-2　X102 控制端子排

端子	标 志	含 义	范 围
13	P10V	用于外部电位计的 +10V 电源	+10V±1.3% $I_{max}=5mA$
14	N10V	用于外部电位计的 -10V 电源	-10V±1.3% $I_{max}=5mA$
15	AI1+	模拟输入 1+	11 位+符号位 电压：
16	MAI1	地，模拟输入 1	
17	AI2+	模拟输入 2+	$±10V/R_i=60kΩ$
18	MAI2	地，模拟输入 2	电流：$R_{in}=250Ω$
19	AO1	模拟输出 1	10 位+符号位 电压：
20	MAO1	地，模拟输出 1	
21	AO2	模拟输出 2	$±10V/I_{max}=5mA$ 电流：0…20mA
22	MAO2	地，模拟输出 2	$R≥500Ω$

11.1.1.3　X103 脉冲编码器接线

在控制端子排上提供一个脉冲编码器（HTL，单级）的接线端。如图 11-3 和表 11-3 所示。

表 11-3　X103 脉冲编码器接线

端子	标 志	含 义	范 围
23	$-V_{SS}$	电源的地	
24	通道 A	通道 A 的接线	HTL 单极
25	通道 B	通道 B 的接线	HTL 单极
26	Zero pulse	零脉冲的接线	HTL 单极
27	CTRL	控制通道的接线	HTL 单极
28	$+V_{SS}$	脉冲编码器电源	15V $I_{max}=190mA$
29	-Temp	KTY84/PTC 的负端（-）	KTY84：0…200℃
30	+Temp	KTY84/PTC 的正端（+）	PTC：$R_{cold}≤1.5kΩ$

图 11-3　X103 脉冲编码器接线

11.1.1.4　X300-串行接口

通过 9 针 Sub D 插座，可选择连接 OP1 S 或 PC。接口见图 11-4，其含义见表 11-4。

11.1.1.5　控制端子排 X9

K80 选件 X9 的 1 /2 控制端子排与需要外加一个 24V DC 控制电压的电源装置相连接。在书本型装置（逆变器）的端子 X9 的 7/9 和在装机装柜型（变频器和逆变器）的端子 X9 的 4/5 能输出一个隔离的数字信号，例如去控制一台主接触器。

6SE70 变频器标准外部接线，见图 11-5 和图 11-6。

表 11-4　X300-串行接口

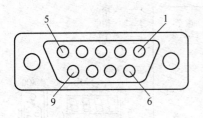

图 11-4　X300-串行接口

针	名　称	含　义	范　围
1	n. c.	不用	
2	RS232 RxD	通过 RS232 接收数据	RS232
3	RS485P	通过 RS485 的数据	RS485
4	Boot	用于软件更改的控制信号	开关量信号，低电平有效
5	M5V	P5V 的参考电位	0V
6	P5V	5V 辅助电源	+5V，$I_{max} = 200mA$
7	RS232 TxD	通过 RS232 发送数据	RS232
8	RS485 N	通过 RS485 的数据	RS485
9	n. c.	不用	

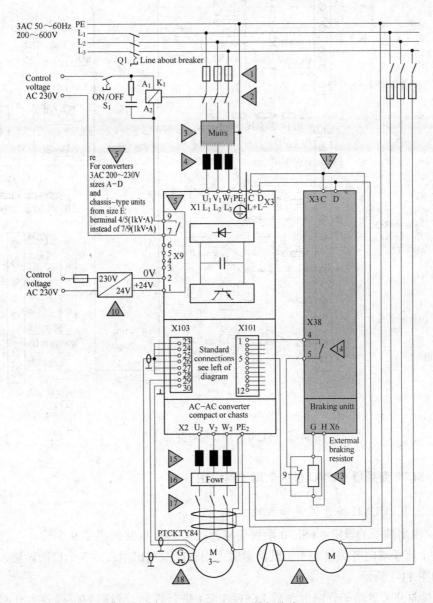

图 11-5　6SE70 变频器标准外部接线（1）

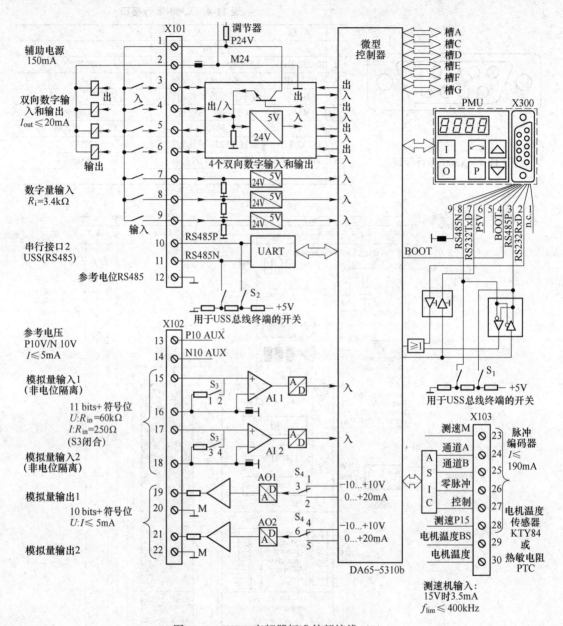

图 11-6   6SE70 变频器标准外部接线（2）

11.1.2   6SE70 变频器 CUVC 板各个端子的设定

11.1.2.1   CUVC 板开关量输入输出端子

输入/输出端子的设定：6SE70 系列变频器的 CUVC 板共提供了 9 个输入/输出端子，其中前 4 个属于双向开关量端子，既能做输入用也能做输出用；后 3 个仅能做输入端子来使用，如图 11-7 所示。

4 个双向开关量端子分别由参数 P651~P654 进行控制。当参数值设置为 0 时，作为输入端子来使用，且外部输入的信号值分别存入 B0010、B0012、B0014、B0016 中，经过逻辑取反后的值分别存入 B0011、B0013、B0015、B0017 中。当参数值设置为其他值时，该端子作为输出端子来使用，其所设置的值为位地址，输出值为该地址的值。如当 P651 =106，则读取 B0106 的值，即有故障时 X101：3 端子输出信号为高电平。

3 个开关量输入端子的值分别存入 B0018、B0020、B0022 中，经过逻辑取反后的值分别存入 B0019、B0021、B0023 中。

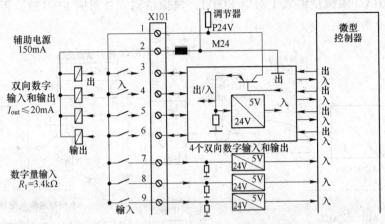

图 11-7　开关量输入输出开关示意图

11.1.2.2　6SE70 变频器模拟量端子的设定

6SE70 系列变频器的 CUVC 板共提供了两个模拟量输入信号和两个模拟量输出信号。 CUVC 板上的 S3 开关控制着模拟量输入信号的类型，当 S3 中 1、2 断开时，模拟量输入 1 为电压类信号，闭合为电流类信号；当 S3 中 3、4 断开时，模拟量输入 2 为电压类信号，闭合为电流类信号。CUVC 板上的 S4 开关控制着模拟量输出信号的类型，当 S4 中 1、3 接通时，模拟量输出 1 为电压类信号，2、3 接通时为电流类信号；当 S4 中 4、6 接通时，模拟量输出 2 为电压类信号，5、6 接通时为电流类信号，如图 11-8 所示。

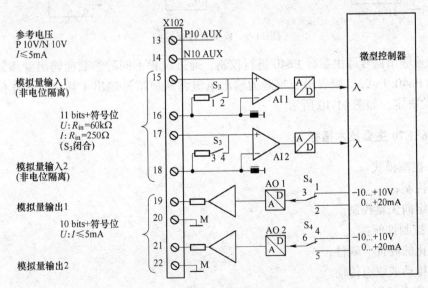

图 11-8　模拟量输入输出端子示意图

　　模拟量输入信号具体又分 5 种输入信号类型，由 P632 参数进行设置。当 P632 值为 0、1、2、3、4 时，对应的信号类型分别是−10~+10V、0~10V、−20~+20mA、0~20mA、4~20mA。P632.1 控制着模拟量输入 1，P632.2 控制着模拟量输入 2。参数 P636 对模拟量输入信号的选择具有决定权，当其值或链接的开关量参数值为 1 时（P636.1 对应控制模拟量输入 1，P636.2 对应控制模拟量输入 2），将接受外部输入的信号，并将其值存入 K0011 或 K0013（模拟量输入 1 对应 K0011，模拟量输入 2 对应 K0013），否则不给予处理，如图 11-9 所示。

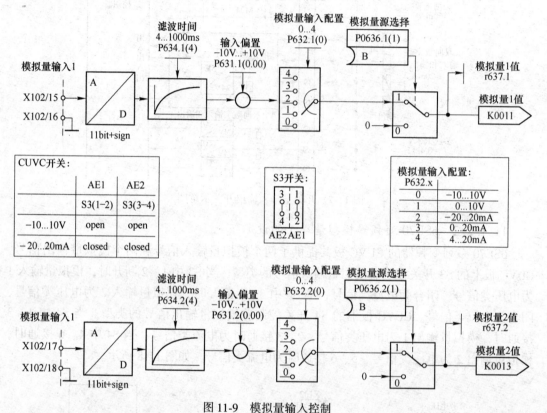

图 11-9　模拟量输入控制

　　模拟量输出信号源由参数 P640 进行控制，通过设置不同的参数能输出变频器内存储的值。如 P640.1 = 22，则表示变频器的输出电流将从模拟量输出 1 输出，具体信号类型由 S4 开关决定，如图 11-10 所示。

11.1.3　6SE70 主要技术指标

（1）控制模式：

V/F 控制；

磁场定向矢量控制。

（2）控制性能：

模块化的硬件、软件；

单独传动或成组传动。

（3）输出频率：0~200Hz。

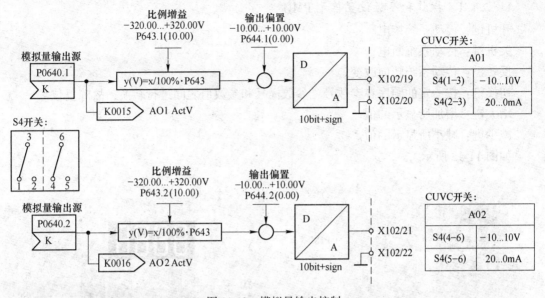

图 11-10 模拟量输出控制

（4）速度响应时间 60ms。

（5）过载能力：

1.36 倍额定电流 60s；

1.60 倍额定电流 30s。

（6）标准功能：

可编程的输入/输出接口；

可编程的加减速率；

速度给定；

速度限幅；

电流限幅；

过电压、欠电压保护；

过载保护设定；

反馈丢失保护；

故障显示和存储；

可编程的快速停车；

网络通讯功能。

11.2 6SE70 变频器参数设置

11.2.1 6SE70 系列变频器参数设置方法

西门子 6SE70 变频器参数设置可以通过 PMU、OP1S 操作面板以及 PC 和 Drive ES 或
DriveMonitor。见图 11-11 所示。

11.2.1.1　操作和参数设置单元 PMU

开机键：传动系统接电。

关机键：传动系统断电。

反转键：传动系统转向改变。

切换键：按一定的顺序在参数号、参数标号和参数值之间进行转换；故障复位。

增大键：增加所显示的值。

减少键：减小所显示的值。

如图 11-12 所示。

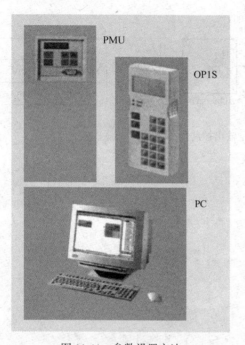

图 11-11　参数设置方法

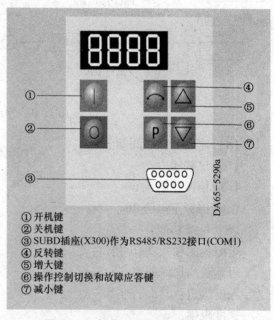

① 开机键
② 关机键
③ SUBD插座(X300)作为RS485/RS232接口(COM1)
④ 反转键
⑤ 增大键
⑥ 操作控制切换和故障应答键
⑦ 减小键

图 11-12　操作和参数设置单元 PMU

11.2.1.2　调试软件 DriveMonitor

可同时观察大量参数，调试非常方便，可上传下载参数，便于传动系统管理维护。如图 11-13 所示。

11.2.2　参数种类

直接安装在装置上的参数设置单元（PMU）所显示的参数号由一个字母和三个数字组成。三个数字覆盖的数值范围从 000～999，但并非所有数值都能用到。每个参数标识很清楚，参数包含了参数名和参数号，使每个参数得以清楚识别。除参数名和参数号外，许多参数尚有一个参数标号，借助于这个标号，在一个参数号下的参数能够存储几个值。

（1）小写字母（r、n、d 和 c）表示只读参数，它们不能改变。

例如：r006 = 542,

　　　　参数名：中间回路电压,

　　　　参数号：r006,

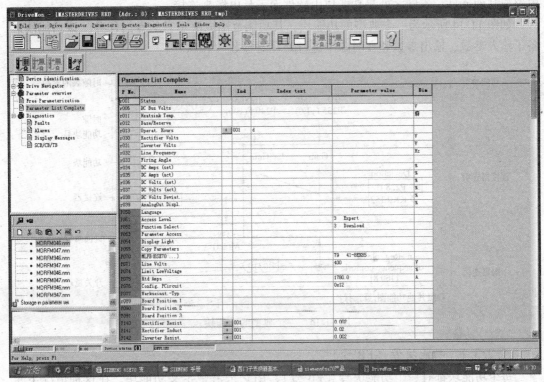

图 11-13　调试软件 DriveMonitor 界面

　　参数值：542VDC。

（2）大写字母（P、U、H 和 L）表示 BICO 参数和功能参数，它们可以改变。

例如：P970＝0，

　　　　参数名：参数恢复工厂设置，

　　　　参数号：P970，

　　　　参数值：0。

（3）F 参数：故障。

例如：F051，

　　　　故障信息：编码器故障，

　　　　注：若故障未复位，装置不能进入运行状态。

（4）A 参数：报警。

例如：A021，

　　　　报警信息：输出侧发生过电压，

　　　　注：报警不能复位，一旦报警原因被消除后，报警自动去除。

11.2.3　6SE70 变频器的功能块

　　在 6SE70 变频器中，大量的开环和闭环控制功能、通信功能以及监控和操作器控制功能可由在变频器软件中的功能块来完成。这些功能块可参数设置和自由连接。相互连接的方法相当于将各种不同功能单元用工程方法进行电气连接，即相当于使用电缆连接集成电路或其他元件，不同之处是功能块由软件而不是电缆来连接。

　　如图 11-14 所示为一个典型的功能块，其功能范围取决于它的专门任务，该功能块装备了输入参数、输出参数和在时隙中进行处理的参数。

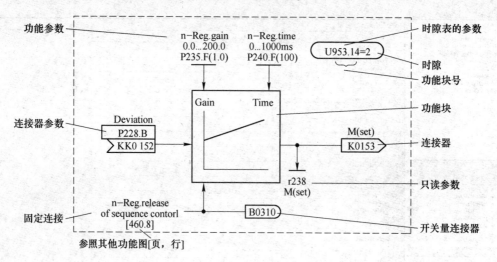

图 11-14　一个典型的功能块

11.2.3.1　功能块号（FB 号）

　　每个功能块都有一个功能块号（FB 号），用它来清楚定义功能块。在这种情况下每个功能块都配置一个标号参数，该标号参数包括在其参数号和参数标号中的有关功能块号。例如，U950. 01 是功能块号 001 的代码。

　　选择时隙的参数和对应的工厂设定在每个功能块的功能图中加以说明，这个数据做成椭圆形，以便很好地同功能块的其他元件进行区别。一个时隙就是一个功能模块所有输出值被重新计算的时间周期。

11.2.3.2　6SE70 变频器的连接器和开关量连接器

　　连接器和开关量连接器是用于交换各个功能块间的信号，它们每个用带有一个信号值的功能块来周期性地满足。其他功能块根据参数设置来提取这些值。

　　连接器好比是存储单元，它可用汇集模拟信号。它们标示很清楚，每个连接器包含连接器名、连接器号和一个定义字母，如图 11-15 所示。

　　定义字母取决于数字的表示法：K 是表示具有字长（16 位）的连接器；KK 是表示具有双字长（32 位提高精度）的连接器。连接器号通常有 4 位数字。如图 11-15 所示。

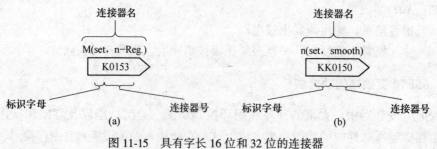

图 11-15　具有字长 16 位和 32 位的连接器

(a) 16位；(b) 32位

存储在连接器中的数值是规格化的值，但有少数例外（如用于控制字的连接器）。这些连接器的数值范围覆盖百分值的范围为：

（1）最小值：-200%（对字/双字连接器 8000H/8000 0000H）。

（2）最大值：+199.99%（对字/双字连接器 7FFFH/7FFF FFFFH）。

图 11-16 所示为连接器的数值范围和测定，其中 100% 相对于值 4000H（对双字连接器 4000 0000 H）。

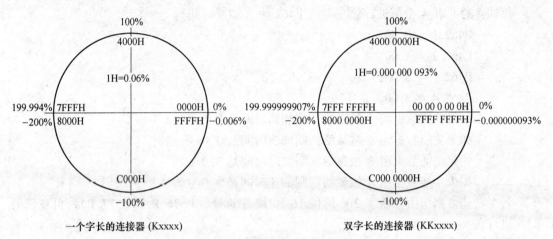

一个字长的连接器 (Kxxxx)　　　　双字长的连接器 (KKxxxx)

图 11-16　连接器的数值范围和测定

在图 11-17 所示的开关量连接器中，功能块获得开关量（数字）输出信息，因而开关量连接器可看成存储开关量信号的存储单元。每个开关量连接器包含开关量连接器名、开关连接器号和一个定义字母（B）。开关量连接器号通常有 4 位数字。开关量连接器仅有两个状态 0（逻辑 no）和 1（逻辑 yes）。

11.2.3.3　功能参数和功能数据组

功能块的应答由功能参数决定，见图 11-18。

功能参数的典型应用：

（1）输入信号的规格化。

（2）斜坡函数发生器的加速和减速时间。

（3）速度调节器中的比例系数（K_p）和积分时间（T_n）。

功能参数可带标号，存储在不同标号中的参数值的意义取决于各个参数的定义。由功能参数所形成的专门组是所谓功能数据组的一部分。

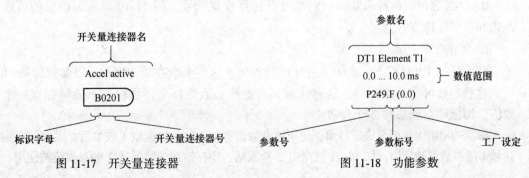

图 11-17　开关量连接器　　　　图 11-18　功能参数

专用的功能参数一起放在功能数据组中。这些参数在功能图中标以参数标号 . F。有关参数可有 4 个标号，这意味着，在每个参数标号下能够存储一个参数值，即能够存储总共 4 个参数。

激活的功能数据组决定目前正使用的参数值。如果功能数据组 1 被激活，则使用存储在参数标号 1 中的参数值；如果功能数据组 2 被激活，则使用存储在参数标号 2 中的参数值。

例如：总共有 4 个值被存储在参数 P462 中（加速时间）。

P462.1 = 0.50,

P462.2 = 1.00,

P462.3 = 3.00,

P462.4 = 8.00。

如果功能数据组 1 被激活，则加速时间是 0.5s；

如果功能数据组 2 被激活，则加速时间是 1.0s；

如果功能数据组 3 被激活，则加速时间是 3.0s；

如果功能数据组 4 被激活，则加速时间是 8.0s。

各个功能数据组由控制字 2 中的位 16 和 17 来选择（P576.B 和 P577.B）。可在任何时刻进行转换。

借助于只读参数 r013（Active Func Dset）可显示被激活的数据组。

11.2.3.4　连接功能块（BICO 系统）

利用 BICO 参数去确定一个功能块输入信号的源，所以可以利用 BICO 参数去确定一个功能块是从哪一个连接器和开关量连接器读入它的输入信号。从这个意义上讲，能够将存储在装置中的功能块进行软连接以满足使用要求。我们称它为 BICO 系统。

对每个 BICO 参数，能够连接到它的输入信号的形式（连接器或开关量连接器）是确定的。

A　BICO 参数标识

B 用于连接开关量连接器的开关量连接器参数。

K 用于连接单字长（16 位）的连接器的连接器参数。

KK 用于连接双字长（32 位）的连接器的连接器参数。

开关量连接器和连接器的交叉软连接是不允许的。然而，可以将单字长和双字长的连接器连到连接器参数。

BICO 参数可有两种形式：它们可没有标号或双标号。图 11-19 所示为常见的可连接方式和不可连接方式。

B　BICO 数据组

所选择的 BICO 参数一起放入 BICO 数据组。这些参数在功能图中标以参数标号 . B。

这些参数可有 2 个标号，这意味着，在这些参数的每个参数标号下能够存储一个参数值，即能够存储总共 2 个参数。

激活的 BICO 数据组决定目前正使用的参数值。如 BICO 数据组 1 被激活，则存储在参数标号 1 的参数值被使用；如 BICO 数据组 2 被激活，则存储在参数标号 2 的参数值被使用。

例如：总共有 2 个值被存储在参数 P554 中（SrcON/OFF1）。

P554.1 = 10,

P554.2 = 2100。

如果 BICO 数据组 1 被激活，则 ON 指令来自基本装置开关量输入口 1；

如果 BICO 数据组 2 被激活，则 ON 指令来自串行接口 1 第 1 个数据字的位 0。

各个 BICO 数据组用在控制字 2 中的控制字位 30 来选择（P590）。借助于只读参数 r012（激活 BICO DS）可显示被激活的 BICO 数据组。

C BICO 系统

是用于描述功能块间建立连接的术语。它借助于开关量连接器和连接器来实现。BICO 系统的名称就是来自这两个术语。

两个功能块之间的连接包含了一侧上的一个连接器或开关量连接器，而在另一侧上有一个 BICO 参数。连接是从功能块输入的观点来看的。通常，必须把输出分配给输入。赋值是将连接器或开关量连接器的号进入一个 BICO 参数，而所要求的输入信号能从连接器或开关量连接器读入。可以在不同的 BICO 参数中屡次进入相同的连接器和开关量连接器号，因而，一个功能块的输出信号可用作几个其他功能块的输入信号。

从图 11-19 中可以看出，单字长（16 位）或双字长（32 位）连接器两者之间可以转换，其转换规则按表 11-5 模式进行调整。

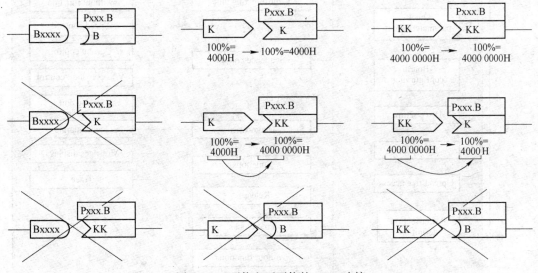

图 11-19 可能和不可能的 BICO 连接

显然，当双字连接器内连到单字连接器参数时，信号分辨率将从 32 位变成 16 位；如果低字断掉，双字连接器的低 16 位信息将丢失。

11.2.4 参数菜单

具有相关功能的参数系存储在装置中的参数组的结构菜单中。因而，一个菜单代表装置全部参数中的一套参数。

一个参数有可能列入几个菜单。参数表指明一个参数所列入的菜单。通过配置给每个菜单的菜单号，使其赋值生效。

在 6SE70 变频器中，参数可以根据不同组合进行菜单选择，如图 11-20 所示。其中 PMU 只能看到 1 级菜单，而 OPIS 则可以看到全部菜单。

主菜单用 P060 菜单选择参数进行选择。例如，P060＝0 选用用户参数菜单；P060＝1 选用参数菜单；…；P060＝8 选用功率部分定义菜单。具体见表 11-5。

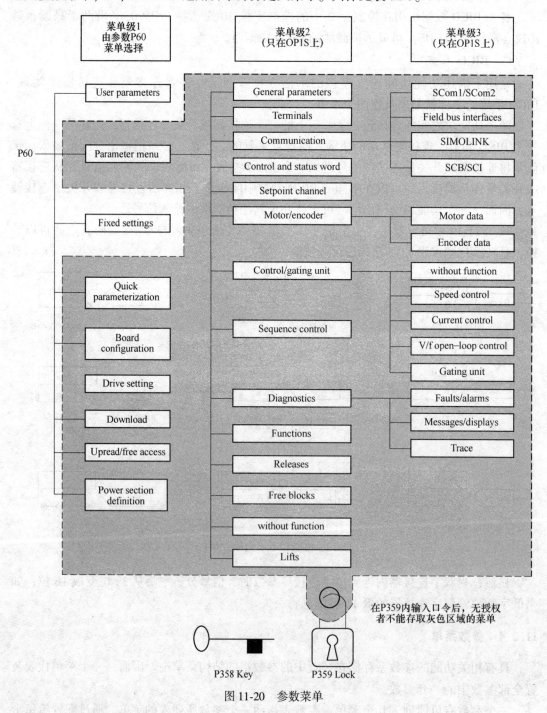

图 11-20　参数菜单

表 11-5　P060 菜单选择参数

P060	菜　单	说　明
0	用户参数	自由组合菜单
1	参数菜单	包含全部参数组
		使用 OPIS 操作面板获得功能进一步扩展结构
2	固定设置	用于完成参数恢复到工厂设置或用户设置
3	快速参数设置	用于具有参数模块的快速参数设置
		当选择此参数值，装置转到状态 5 "系统配置"
4	板的配置	用于配置选件板
		当选择此参数值，装置转到状态 4 "板的配置"
5	系统设置	用于说明重要电机、编码器和控制数据的参数设置
		当选择此参数值，装置转到状态 5 "系统设置"
6	写入	用于从 OP1S，PC 或自动化装置中写入参数
		当选择此参数值，装置转到状态 21 "写入"
7	读取/自由存取	包含全部参数组且不受更多菜单的限制用于自由存取所有参数
		用 OPIS，PC 或自动化装置去读取所有参数
8	功率部分定义	用于定义功率部分（仅在书本型、装机装柜型装置需要）
		当选择此参数值，装置转到状态 0 "功率部分定义"

11.2.5　参数恢复到工厂设置

工厂设置是装置所有参数被定义的初始状态，装置在这个设置下进行供货。

通过参数复位到工厂设置能够在任何时候将装置恢复这种初始状态，因而能够撤销自装置供货以后的所有参数的变更。

参数复位到工厂设置过程中，功率部分的定义，相关的工艺选件，运行时间的计算及故障存储器都将予以保留。具体过程见图 11-21。

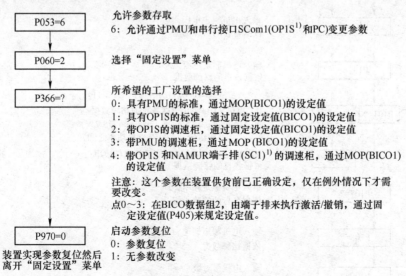

图 11-21　参数复位到工厂设置

11. 2. 6　简单应用的参数设置步骤

　　简单应用的步骤常用于已准确了解了装置的应用条件且无需测试以及需要对相关扩展参数进行补充的情况。

　　简单应用的步骤典型应用的例子就是当装置安装在标准机械上或是当需要更换装置的地方。如图 11-22 所示。

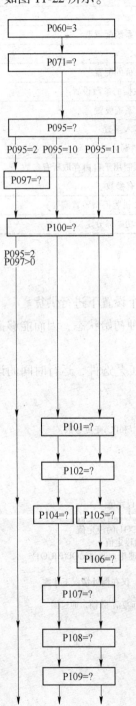

菜单选择"简单应用的参数设置"

输入装置进线电压，V
AC装置：r.m.s交流电压
DC装置：直流中间回路电压
上述输入很重要，例如：对电压限幅控制(Vdmax控制，P515=1)

输入电机类型
　　2：紧凑式异步电机1PH7(=1PA6)/1PL6/1PH4
　　10：异步/同步IEC(国际标准)
　　11：异步/同步NEMA(US标准)

输入被连接的1PH7(=1PA6)/1PL6/1PH4系列电机的代号

　　(一旦设定了 P095=2和P097＞0，就会执行自动参数设置)

输入开/闭环控制类型(页r0...r5)
　　0：V/f开环控制+带脉冲编码器的n-调节器(P130=11)
　　1：V/f开环控制
　　2：纺织用V/f开环控制
　　3：不带测速机的矢量控制(f-控制)
　　4：带测速机的矢量控制(n-转速)
　　　　带脉冲编码器(P130=11)
　　5：转矩控制(M控制)
　　　　带脉冲编码器(P130=11)

对于V/f控制(0..2)，用P330设定一条线性曲线(P330=1；抛物线)
脉冲编码器具有P151=1024/转的脉冲数，如果电机偏离变频器数据，若选择矢量控制类型(P100=3，4，5)或采用速度反馈(P100=0)就需输入下面的电机参数，如果电机功率大于200kW，应使用矢量控制类型。

输入电机额定电压，V
依据各自的铭牌数据

输入电机额定电流，A
依据各自的铭牌数据
　　(成组传动：所有电机电流之和)

IEC电机：Cos(phi)依据各自的铭牌数据
NEMA电机：额定功率，hp(1hp=745.7W)
　　(成组传动：所有电机功率之和)

NEMA电机：输入用%表示的电机效率
依据各自的铭牌数据

输入电机额定频率，Hz
依据各自的铭牌数据

输入电机额定转速，r/min
依据铭牌数据

输入电机极对数
(自动计算)

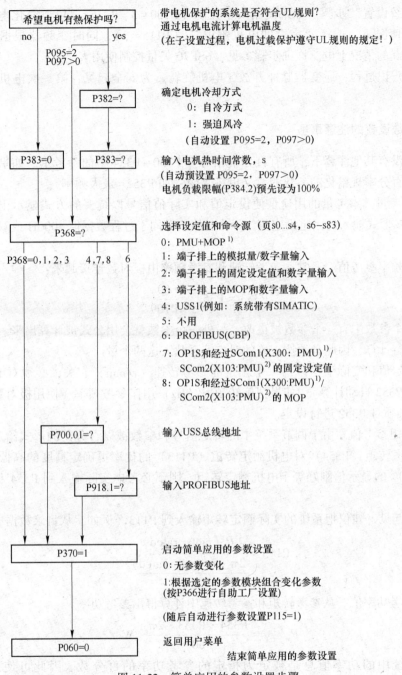

带电机保护的系统是否符合UL规则?
通过电机电流计算电机温度
(在子设置过程,电机过载保护遵守UL规则的规定!)

确定电机冷却方式
　　0: 自冷方式
　　1: 强迫风冷
　　(自动设置 P095=2, P097>0)

输入电机热时间常数, s
(自动预设置 P095=2, P097>0)
电机负载限幅(P384.2)预先设为100%

选择设定值和命令源 (页s0…s4, s6–s83)
0: PMU+MOP[1]
1: 端子排上的模拟量/数字量输入
2: 端子排上的固定设定值和数字量输入
3: 端子排上的MOP和数字量输入
4: USS1(例如: 系统带有SIMATIC)
5: 不用
6: PROFIBUS(CBP)
7: OP1S和经过SCom1(X300: PMU)[1]/
　 SCom2(X103:PMU)[2] 的固定设定值
8: OP1S和经过SCom1(X300:PMU)[1]/
　 SCom2(X103:PMU)[2] 的 MOP

输入USS总线地址

输入PROFIBUS地址

启动简单应用的参数设置
0:无参数变化
1:根据选定的参数模块组合变化参数
(按P366进行自助工厂设置)

(随后自动进行参数设置P115=1)

返回用户菜单
　　　　　结束简单应用的参数设置

图 11-22　简单应用的参数设置步骤

11.2.7　用 DriveMonitor 的参数输入

Drive ES 或 DriveMonitor 的参数输入类似,可参看前面第 9 章内容。

11.2.8　自动电机辨识

为了准确确定电机参数,就得执行自动电机辨识和速度调节器优化。为达到此目的,需使用"系统设置"步骤。如果使用矢量控制（P100＝3、4、5），可以简化电机辨识步骤。在这种情况下，选择"完全的电机辨识"（P115＝3），同时变频器根据报警信号 A078 和 A080 的情况上电。详细步骤参见《6SE70 矢量控制使用大全》。

在电机辨识过程，逆变器脉冲开放，电机旋转。为安全起见，第一次电机辨识不要带载。

11.2.9   参数设置的注意事项

当参数没有其他注释下，所有百分率相对于 P350～P354 中的参考量。如果参考量改变，则带有百分率规格化的参数的意义也将改变（如 P352＝最大频率）。

（1）参考量。参考量的用途是使设定值和实际值信号以统一的方式显示出来，这点也适用于以%形式输入的固定设定值。一个%的值等同于过程数据值 4000H 或双值时等于 4000 0000H。

转速和频率参考值。通常，参考转速和参考频率由极对数连接起来：

$$P353 = P352 \times \frac{60}{P109}$$

如果两个参数中有一个参数被更改，另外一个参数就会用公式被计算出来。由于不是在写入时进行计算，因此必须按正确的对应关系载入这两个量。

如果设定值和实际值信号与一个预定的参考转速（r/min）有关，必须对 P353 做相应的设定（P352 自动计算）。如果把旋转频率（Hz）用作参考频率（使用极对数 P109 进行计算），必须对 P352 进行设定。

（2）转矩参考值。由于调节系统中的转矩信号和参数被以百分比的形式给定并显示，那么通过参考转矩（P354）对电机额定转矩（P113）的比率可确定精度的高低。若两个值一样，100%的显示值刚好等于电机额定转矩，则不必考虑实际输入到 P354 和 P113 的数值是多少。

为清楚起见，建议把系统的实际额定转矩输入到 P113（例如，从目录数据中）。

$$P113 = \frac{P_w(mot,\ rated)}{\dfrac{2\pi \cdot n(mot,\ rated)}{60}}$$

（3）参考功率值。从参考转矩和参考转速中计算得出参考功率：

$$P_{w,\ ref} = \frac{P354 \cdot P353 \cdot 2\pi}{60}\ \ W$$

调节系统中的功率值总是被定为指定的参考功率的百分数。因此可使用 $P_{W,ref}/P_{mot,rated}$ 之间的比率换算出电机额定功率。

$$P_{mot,\ rated} = \frac{P113 \cdot P108 \cdot 2\pi}{60}$$

（4）参考电流值。由于转矩提高时电流也会增加，因此如果参考转矩 P354 增加，则参考电流 P350 必须以相同的因数增加。

以工程单位显示的设定参数和只读参数（例如，I_{max}/A）不能超过参考值的两倍。

如果参考量变化，所有以百分数形式出现的参数的物理值也会变化。这些参数值是设定值通道的所有参数以及调节系统（P258、P259）的最大功率和频率调节（P278、P279）时的静态电流。

（5）常见报警：

1）F002——母线欠电压。

2）F006——母线过电压。

3）F011——过电流。

4）F015、F053——堵转。

5）F021——大电流时间过长。

6）F025～F027、F029——在某相上存在 UCE 关机。

7）F037——信号丢失。

变频器故障可通过以下参数查看：

r947——故障号；

r949——故障值；

r951——故障表；

r952——故障数目；

r782——故障时间。

（6）参数不能修改的故障处理方法为：

1）装置正在运行，需停车才能更改；

2）必须在系统设置下才能修改，即 P060 = 5；

3）P053 设置不对；

4）参数加了锁 P358 和 P359。

（7）参数看不见的故障处理方法为：

用电脑看参数时有许多参数看不见，为红色，需改 P060 = 7。

11.2.10 控制字、状态字

控制字及状态字其实是变频器控制命令来源及控制状态，监控对外的接口控制字的每个位都有自己的控制意义，与变频器内部都是联结好的，通过控制字控制位的状态就可以方便实现对变频器灵活的控制，状态字是对外反馈变频器运行工作状态的接口，变频器将各种状态以位或字的形式放在固定的地址中，外界设备可以方便取到变频器的工作状态。

控制字及状态字可以通过 BICO 功能方便灵活地通过前面提到的控制命令源相联，实现变频器的控制及状态显示。

与控制字及状态字相关的参数很重要，有些设定操作可直接启动机器，一定做好安全措施再进行控制字及状态字参数设定。

11.3 6SE70 变频器的调试

调试前要注意变频器的控制命令源和变频器的参数设定源用的是哪一种或哪一些。

A 变频器的控制命令源

（1）PMU 面板控制。

（2）OP1S 面板控制。

（3）端子控制。

（4）USS 协议通讯控制，最多 32 个站，RS485 总线。书本型或装机柜型有以下接口支持 USS 通讯：

1）X101 的 485 端子；

2）PMU 上的 X300 串口；

3）扩展板 SCB2 板（增强书本型不可用）。

（5）DP 协议通讯控制，需要安装 CBP2 板，最多 124 个站，采用总线方式最多 32 个结点，超过 32 个结点需采用中继器、PROFIBUS 总线。

（6）SIMOLINK 通讯控制，最多 201 个主站，SLB 板，光纤连接串行通讯协议。

注：以上列的是控制变频器启停、给定的命令源，不要与参数设定源弄混。

B　变频器的参数设定源

常用的参数设定渠道有以下几种：

（1）PMU 面板，在变频器上直接设定；

（2）OP1S 面板，可与 PMU 上 X300 串口直连；

（3）PC 通过 X300 连接，需 RS232 通讯联线，PC 上需安装 DriveMonitor 或 Simovis 软件；

（4）PC 通过 CBP2 板连接，需要 PROFIBUS 联结线，PC 需安装 DriveES 及 DriveMonitor 软件。

11.3.1　6SE70 变频器的调试步骤

调试前，6SE70 变频器所有的选件板都已经安装到位，并检查装置的以下功率设置参数是否与装置铭牌一致，否则应设 P060=8，重新完成功率部分的定义。

P070：装置的订货号，在装置的铭牌数据中有定义；

P071：装置电压；

P072：装置电流；

P073：装置功率。

如果还需要增加其他选件板，在安装到位后，需执行 P060=4 完成选件板的参数配置，选件板是否安装成功，可以通过参数 r826.1~r826.8 进行检查。

6SE70 变频器的现场调试一般分为两步。

11.3.1.1　粗调

完成对变频器基本控制参数的现场化，使被传动设备能够运转起来。

（1）恢复默认设置，只对变频器的设定值和命令源进行选择。

P053=6 允许通过 PMU 和串行接口 OPIS 变更参数。

P060=2 选择恢复出厂设置功能。

P366=00——具有 PMU 的标准设置；1——具有 OPIS 的标准设置。

P970=0 执行参数复位；恢复出厂设置完成后 P970 自动变为 "1"。

（2）快速参数化。将变频器主要的控制参数现场化，完成后电动机可以运转，但由于速度反馈没有标定，也没有用 P115 完成电动机参数识别和控制参数优化，控制效果不好。

P60＝3 选择简单应用参数设置。

P071 进线电压（变频器设 AC400V/逆变器设 DC540V，即交流进线电压的 1.35 倍）。

P95＝10 符合 IEC 标准的异步或同步电动机。

P100＝0 带速度反馈的 V/f 开环控制（很少使用）：

1）V/f 开环控制；

2）纺织专用 V/f 开环控制；

3）无测速机的速度控制；

4）有测速机的速度控制；

5）转矩控制。

P101：电动机额定电压。

P102：电动机额定电流。

P104：电动机额定功率因数。

P108：电动机额定转速。

P109：电动机极对数（自动计算完成）。

P113：电动机额定转矩（9.55P/n）。

P107：电动机额定频率，Hz。

P108：电动机额定速度，r/min。

P114：0，当用于冶金行业冲击型负载时，选择 3，同时 P100 应设为 3、4、5 矢量控制模式。

P368：0，先选择设定和命令源为 PMU+MOP，以便于初步调试，当最终采用通信或端子方式给设定值和命令时，只需修改相关的连接量即可。

P370：1，启动简单应用参数设置，此时变频器自动执行 P115＝1，根据已设的装置和电动机参数组合功能图连接和参数设定，完成后 P370 自动变为 0。

P60：0，结束简单应用参数设置，回到用户指定的显示参数方式。

（3）详细参数化，完成速度反馈信号标定、电流和速度限幅设置及电机的静态辨识、空载测试及速度调节器优化。

P60：5，选择系统参数化功能。

P068：输出滤波器选择。0——没有滤波器；1——有正弦滤波器；2——有 dv/dt 滤波器。

P103：电动机定子励磁电流，如果不知道，可设为 0，用 P115＝2、3 执行优化时，系统会自动计算。

P115：1，自动参数设置，同时将 P350～P354 电流、电压、频率、转速和转矩的参考值都自动设为电动机的额定值。

P130：11，测速编码器选择，选择用脉冲编码器做速度反馈，因为模拟测速机的精度不能满足矢量控制的需要。

P151：脉冲编码器每转的脉冲数。

P330：VVVF 控制模式。0——线性，用于常规传动；1——抛物线特性，用于风机和水泵的节能控制。

P340：PWM 调制频率。

P357：采样时间，如果发生"f042"计算时间错误，需要进行调整，原则上采样时间设置应大于 r829.01 的 0.5 倍。

P382：电动机冷却方式。0——自冷；1——风冷。

P383：电动机热时间常数（大于 100s 保护有效）。

P384.01：电动机过载保护报警设置，一般设 130%。

P384.02：电动机过载保护跳闸设置，一般设 150%。

P452：正向旋转时的最大速度。

P453：反向旋转时的最大速度。

P60：1，返回参数显示方式，系统自动检查参数设置的合理性。

P462：加速时间。

P463：加速时间单位。

P464：减速时间。

P465：减速时间单位。

P466：off3 快速减速时间，s。

P128：150%变频器允许输出的最大电流。

P492：150%电动机转矩正限幅。

P498：−150%电动机转矩负限幅。

P571：6。

P572：7，使用 PMU 上的正反向按钮完成电动机正反转切换。

依次执行以下优化过程，优化运行时按下"P"键选择后，变频器需要在 20s 之内合闸。

P115：2，静态电动机辨识。

P115：4，电动机空载测量（只有 P100=3、4、5 矢量控制方式时执行）。

P536：50%速度环优化快速响应指标。

P115：5，速度/频率调节器优化（只有 P100=3、4、5 矢量控制方式时执行）。

优化完成后，对变频器的输出信号进行设置：

通过 P651~P654 设置对应 x101 端子的 4 个控制输出，如果端子已经作为控制输入，必须设为"0"。

通过 P640.01~P640.02 设置对应 x101 端子的两个模拟量输出。

11.3.1.2　精调

完成对整个传动系统控制性能和功能的调试，包括起停快速性、速度/转矩响应、直流制动、抱闸控制等。

（1）提高起停快速性，这是在调试要求快速响应的系统时经常遇到的问题。

对于 VVVF 控制，主要调整以下参数：

P318：提升模式。0——电流提升；1——电压提升。

P319：提升电流。

P325：提升电压。

P326：提升截止频率。

P322：加速电流（仅用于 P100＝0、1、2 时的 VVVF 控制）。

P334：$i \times r$ 补偿控制增益（用于 VVVF）。

对于矢量控制，主要调整以下参数：

P602：励磁建立时间，即在脉冲使能与斜坡函数发生器使能之间的等待时间。

P603：异步电动机从停止到再起动的去磁等待时间（对于同步电动机，必须设为 0），在该时间内再起动被禁止，因此对于快速系统，如轧机的机前机后辊道的起停要通过设置 P561，用逆变器使能信号控制。

P604：0，取消平滑加速功能，以便电动机内的磁场尽快建立，但因电动机内部剩磁的影响，发出运行命令后，电动机开始有可能反转。

P278：低速时的静态加速转矩（用于 P100＝3 频率控制）。

P279：低速时的动态加速转矩（用于 P100＝3 频率控制）。

P280：对低速时的加速转矩分量的滤波。

P471：大于 0，使速度调节器前馈控制起作用。

P291：磁通设定值（用于 P100＝3、4、5 时的矢量控制），适当增加可以提高起动转矩。

（2）加快速度/转矩响应，主要调整以下参数：

P235：速度调节器增益 kP1。

P236：速度调节器增益 kP2。

P240：速度调节器积分时间。

P283：电流调节器增益。

P284：电流调节器积分时间。

P536：速度调节器优化目标值，一般设 50%。

P223：速度反馈实际值滤波。

（3）直流制动设置（当执行 off3 快速停车时或通过 P394 选择的开关量信号起作用）：

P395：直流制动选择。0——不选；1——选择。

P396：直流制动电流。

P397：直流制动时间。

P398：直流制动开始频率。

（4）抱闸控制，主要调整以下参数：

u953.48＝2 启动制动功能块。

P605：1，抱闸控制方式，制动起作用但不需要检测返回点。

P607：1.20s，抱闸关闭到取消变频器使能信号的延时时间。

P608：b104（运行），抱闸打开指令。

P609：b105（没有运行），抱闸关闭指令。

P610：k184（转矩电流实际值）或 k242（输出电流信号），抱闸打开连接量。

P611：20%，抱闸打开连接量的阈值。

P615：kk148（速度实际值），抱闸关闭连接量。

P616：1.5%，抱闸关闭连接量的阈值。

P617：0.50s，抱闸关闭命令延时。

P652：275，从端子"4"输出控制抱闸开闭的信号。

P601：275，要求抱闸快速动作时，可直接从 x9 的端子 4、5 输出。

P561：278，逆变器使能控制。

P564：277，设定值允许控制。

P800：0.5，实际速度的 0.5% 作为装置脉冲封锁门限。

P801：0.2s，与 P800 对应脉冲封锁功能的等待时间。

11.3.2　6SE70 变频器调试案例

某 6SE70 变频器的控制回路接线如图 11-23 所示，高速时 50Hz，低速时 30Hz，电动机铭牌参数为额定电流 9.8A，额定转速 1440r/min，现进行高低速控制。具体参数设置见表 11-6。

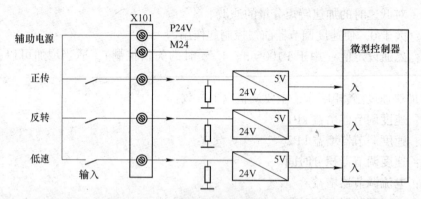

图 11-23　6SE70 变频器的高低速控制

表 11-6　具体参数设置

参数	值	说　明
恢复默认值		
P053	7	允许 CBP+PMU+PC 修改参数
P060	2	固定设置，参数恢复到默认值
P366	0	PMU 控制
P970	0	起动参数复位
简单参数设置（设定电动机，控制参数）		
P060	3	简单应用参数设置
P095	10	IEC 电动机
P100	1	V/f 开环控制
P101	380	电动机额定电压，V
P102	9.8	电动机额定电流，A
P107	50	电动机额定频率，Hz
P108	1440	电动机额定速度，r/min
P368	2	固定输入+端子控制
P370	1	启动简单应用参数设置

续表 11-6

参数	值	说　明
P060	0	结束简单应用参数设置
系统参数设置		
P060	5	系统参数
P115	1	自动计算电动机参数
P060	1	退出后判断参数设置的合理性
补充参数设置		
P401	100	额定频率运行，即 50Hz
P402	60	额定频率的 60%，即 30Hz
P443	40	主给定由 KK0040 提供
P462	3	上升时间设定为 3s
P464	3	下降时间设定为 3s
P554	619	或门 1 的输出值
P571	18	正转，接受 CUVC 板 X101：7 信号
P572	20	反转，接受 CUVC 板 X101：8 信号
P580	22	低速，接受 CUVC 板 X101：9 信号
U239.01	18	接受 CUVC 板 X101：7 正转信号
U239.02	20	接受 CUVC 板 X101：8 反转信号
U239.03	0	或门，不用则设置为零
U950.90	2	设定或门 U239 的采样时间

12 SINAMICS S120 调试入门

SINAMICS S120 作为西门子 SINAMICS 驱动系列之一，可以提供高性能的单轴和双轴驱动，模块化的设计可以满足应用中日益增长的对驱动系统轴数量和性能的要求。

12.1 SINAMICS S120 驱动系统的组成

SINAMICS S120 驱动器包括：用于单轴的 AC/AC 变频器和用于公共直流母线的 DC/AC 逆变器。本书主要介绍后一种类型。

12.1.1 DC/AC 多轴驱动器

公共直流母线的 DC/AC 逆变器，通常又称为 SINAMICS S120 多轴驱动器，其结构形式为电源模块和电机模块分开，如图 12-1 所示，一个电源模块将 3 相交流电整流成 540V 或 600V 的直流电，将电机模块（一个或多个）都连接到该直流母线上，特别适用于多轴控制，尤其是造纸、包装、纺织、印刷、钢铁等行业。优点是各电机轴之间的能量共享，接线方便、简单。

SINAMICS S120 是集 V/F 控制、矢量控制、伺服控制为一体的多轴驱动系统，具有模块化的设计。各模块间（包括控制单元模块、整流/回馈模块、电机模块、传感器模块和电机编码器等）通过高速驱动接口 DRIVE-CLiQ 相互连接。以 SINAMICS S120 多轴驱动器为例，其核心控制单元 CU320 在速度控制模式下最多能控制 4 个矢量轴或 6 个伺服轴，可以完成简单的工艺任务。

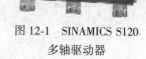

图 12-1　SINAMICS S120
多轴驱动器

SINAMICS S120 的多轴驱动系统的主要组成部分如下：

控制单元：整个驱动系统的控制部分。

电源模块：将交流转变成直流，并能实现能量回馈。

电机模块（也称功率模块）：单轴或双轴模块，作为电机的供电电源。

传感器模块：将编码器信号转换成 DRIVE-CLiQ 可识别的信号。若电机含有 DRIVE-CLiQ 接口，则不需要此模块。

直流+24V 电源模块：用于系统的控制部分的供电。

端子模块和选件板：根据需要可连接或插入 I/O 板和通讯板。

模块化系统，适用于要求苛刻的驱动任务，SINAMICS S120（见图 12-2）可胜任工业应用领域中的各种驱动任务，模块化设计，可解决要求极为苛刻的驱动任务。大量部件和功能相互之间具有协调性，用户因此可以进行组合使用，以构成最佳的方案。

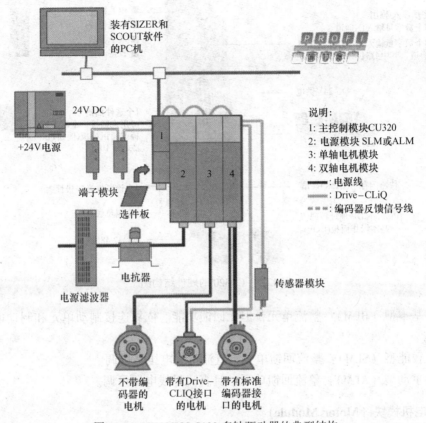

说明：
1：主控制模块CU320
2：电源模块 SLM或ALM
3：单轴电机模块
4：双轴电机模块
——：电源线
······：Drive—CLiQ
------：编码器反馈信号线

装有SIZER和SCOUT软件的PC机

24V DC

+24V电源

端子模块

选件板

电抗器

电源滤波器

传感器模块

不带编码器的电机　带有Drive—CLIQ接口的电机　带有标准编码器接口的电机

图 12-2　SINAMICS S120 多轴驱动器的典型结构

12.1.2　控制单元（CU320）

作为 SINAMICS S120 多轴驱动器的控制单元，CU320 负责控制和协调系统中所有的模块，完成各轴的电流环、速度环甚至是位置环的控制，并且同一块 CU320 控制的各轴之间能相互交换数据，即任意一根轴可以读取控制单元上其他轴的数据，这一特征被广泛用作各轴之间的简单同步。CU320 的硬件结构如图 12-3 所示。

根据所连接外围 I/O 模块的数量、轴控制模式、所需功能及 CF 卡的不同，1 个 CU320 可控制的轴数量也不同。

用作速度控制：最大控制轴数为 6 个伺服轴、4 个矢量轴和 8 个 V/F 轴。实际控制轴数与 CU320 的负荷（即所选功能）有关。伺服轴和矢量轴不能用同一个 CU320 来控制，但伺服轴和矢量轴都可以与 V/F 轴混合搭配。

用作位置控制：最大控制轴数为 4 个伺服轴或 2 个矢量轴。控制的轴数不是绝对的，与 CU320 的负荷有关。

12.1.3　电源模块（Line Module）

SINAMICS S120 多轴驱动器的电源模块分为三种，分别是：基本型、智能型和主动型。

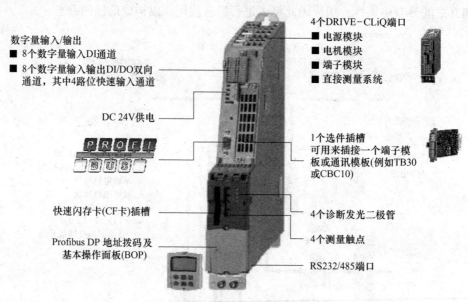

数字量输入/输出
■ 8个数字量输入DI通道
■ 8个数字量输入输出DI/DO双向
　通道，其中4路位快速输入通道

DC 24V供电

快速闪存卡(CF卡)插槽

Profibus DP 地址拨码及
基本操作面板(BOP)

4个DRIVE-CLiQ端口
■ 电源模块
■ 电机模块
■ 端子模块
■ 直接测量系统

1个选件插槽
可用来插接一个端子模
板或通讯模板(例如TB30
或CBC10)

4个诊断发光二极管

4个测量触点

RS232/485端口

图 12-3　CU320 的硬件结构图

（1）基本型（BLM）：整流单元，但无回馈功能。依靠连接制动单元和制动电阻实现快速制动。

（2）智能型（SLM）：整流回馈单元，直流母线电压不可调。

（3）主动型（ALM）：整流回馈单元，且直流母线电压可调。

12.1.4　电机模块（Motor Module）

电机模块即逆变单元，分为书本型和装机装柜型。其中，书本型又分为单轴电机模块和双轴电机模块。

12.2　SINAMICS S120 项目配置

Sinamics S120 的调试是通过创建配置一个项目的形式来进行的，共有两种创建项目的方式：离线配置和在线配置。Sinamics S120 的调试是通过集成的 DP 接口（装有 CU320 或 CU310 DP 的设备）或 PROFINET 接口（装有 CU310 PN 的设备）来完成的。

离线配置是所有的项目数据都在离线的方式下输入的，即在离线的状态下创建一个新项目，选择相应的驱动单元，根据图形化的提示一步一步地手动输入或选择各模块和电机的数据，当数据全部输完后，存储项目并下装到驱动装置中，即完成项目的创建。离线配置适用于不带有 DRIVE-CLiQ 接口的西门子标准电机或第三方电机。

在线配置是将编程器和驱动单元在线连接，控制系统通过 DRIVE-CLiQ 将相连接的各模块和电机的数据读入装置，再通过 DP（或 PROFINET）接口传到编程器中，即在在线方式下将各模块的参数从装置上载到编程器中，无需手动输入。在线配置适用于带有 DRIVE-CLiQ 接口的西门子电机。

在配置 Sinamics S120 项目之前（以下均以控制单元为 CU320 的设备为例），必须做以下的准备工作：

准备好装有 SCOUT 软件及 DP 通讯卡（CP5511/CP5512/CP5613 等）的 PC 机，检查 CU320 是否带有正确的 CF 卡；连接好 Sinamics S120 系统的各个硬件，检查所有的连接线和地线。

设置 Sinamics S120 DP 地址（打开 CU320 前端正下方的绿色小盖将会发现地址开关）：当 DP 地址开关全部置于 ON 或 OFF 时，其地址由参数 P0918 来设置；DP 地址开关设置地址时，按照二进制方式来设置；向上为 ON，向下为 OFF，排序为从左至右 0、1、2、3…，其对应地址数值为 20、21、22、23…。例如：开关 0 和 2 置 ON，则 DP 地址为 20+22＝1+4＝5；若开关 0、1、2 都置 ON，则 DP 地址为 20+21+22＝1+2+4＝7。

本节以 Scout V4. 1. 1. 0（内部集成 Starter）为例，对于独立版的 Starter，在线配置步骤大体相同。

（1）创建新项目（Project>>New）：Test_online。

（2）DP 通讯口的设定。

与第 6 章 DP 通讯口的设置一致。

（3）插入一个新的驱动器。

1）DP 属性的设置。按"Properties…"显示图 12-4（a）所示画面。各参数参照图中的设置，波特率默认为 1.5Mbps，也可设成 12Mbps。

2）DP 网络诊断。按"Diagnostics…"显示图 12-4（b）所示画面。Test 按钮用来测试编程器上的 DP 卡是否正常工作，单击 Test 若显示 ok，说明 DP 卡正常；否则，请检查

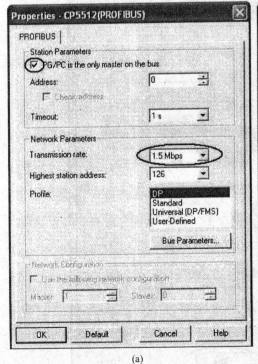

（a）

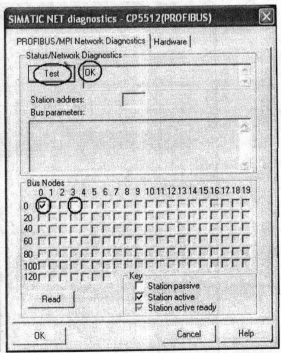

（b）

图 12-4　设定 DP 通讯口

DP 卡及其连线。Read 按钮能够读出所有站的站号，被读出的子站号底色为白色，如在图中数字 3 下方对应的白色。

　　DP 网上所有工作的站号，都必须能读出，否则编程器无法访问到。若不能读出，请检查接线，或改变波特率。设定驱动单元的数据：

　　1）设备类型（Device type）：SINAMICS S120 CU320；SINAMICS S120 CU310 DP；SINAMICS S120 CU310 PN。

　　2）设备版本（Device version）：2. 1x、2. 2x、2. 3x、2. 4x、2. 5x。其中，SINAMICS 310 DP/PN 只有 2. 4x 和 2. 5x 两个版本。

　　（4）在线。点击工具栏内的 "connect to target system" 图标，将 Sinamics S120 与编程器连接起来，如图 12-5 所示。

图 12-5　工具栏

　　控制单元 CU320 上的 CF 卡内可能含有原来的旧的项目配置，系统在连接时会对新建项目和原有的旧项目的拓扑结构进行比较。如果二者存在差别，那么连接后会出现提示对话框，将不同之处标出。具体的提示内容取决于旧的项目，不一定与下面的对话框完全相同，如图 12-6 所示。以该提示信息为例，表格中第一列是 "Online topology"，即 CF 卡中

Online/offline comparison

The configuration of SINAMICS_S120_CU320 [DVCU320S] online differs from the project saved offline.The following differences have been detected:

	Offline	Differences
Online topology	Project topology	
CU_S_003	Control_Unit	Units / structure inconsistency
SERVO_02 (TOServoSL)	Not available	Units / structure inconsistency
SERVO_03 (TOServoSL)	Not available	Units / structure inconsistency

If these differences are not adjusted, the online representation may be incomplete.

Adjust via:

<== Download　　　Overwriting of the data in the target device

Load to PG ==>　　　Overwriting of the data in the project

It is recommended that function 'Load to PG' be executed.

SINAMICS_S120_CU320

Close　　　　Help

图 12-6　Online/offline comparison 对话框

已有旧项目的配置拓扑；第二列是“Project topology”，即用户新建项目的拓扑。可以看到，新旧项目控制单元的名字不同；旧项目有两个伺服轴 SERVO_02 和 SERVO_03，而新建项目中没有。表格下方有两个按钮，“Download”（下载）和“Load to PG”（上装）。由于我们要进行自动配置，所以都不要选，直接点击最下面“Close”按钮即可。

（5）恢复工厂设定。点击工具栏内的“Restore factory settings”图标（在下图中用圆圈标出），将 Sinamics S120 恢复工厂设定，如图 12-7 所示。

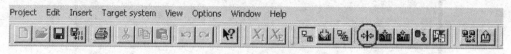

图 12-7　工具栏

此时弹出的对话框如图 12-8 所示，选择“Save factory settings to ROM”并点击“OK”按钮，系统开始进行工厂复位，复位结束后请选择“OK”确认。

（6）自动配置驱动系统。在窗口左侧项目导航栏中，双击“SINAMICS_S120_CU320”（注意：该名字是在插入一个新驱动器时系统默认的，用户可以修改）下的“Automatic configuration”，如图 12-9 所示。

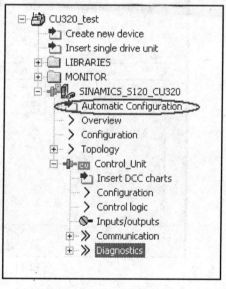

图 12-9　项目导航栏

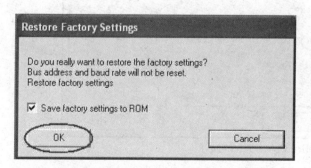

图 12-8　Restore Factory Settings 对话框

此时弹出一个对话框如图 12-10 所示。当该对话框的第一行“Status of the drive unit”显示“First commissioning”时，点击“Start automatic configuration”按钮，系统会让用户选择轴的控制类型——伺服或矢量控制。以伺服控制为例，选择“Servo”，然后点击“OK”按钮。如图 12-11 所示。

此时系统开始自动配置，将可以识别的组件（即带有 Drive_CLiQ 接口的组件）上装到编程器中。

如果驱动系统含有不能自动识别的组件（即不带 Drive_CLiQ 接口的组件），比如通过 SMC 模块连接的编码器接口的电机等，系统会弹出提示对话框，如图 12-12 所示，提示用户有一个驱动轴需要在离线模式下手动配置。

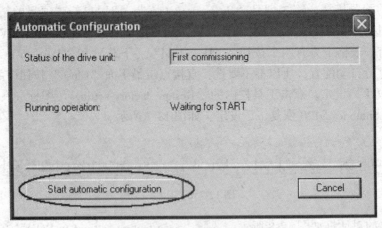

图 12-10　Automatic Configuration 对话框

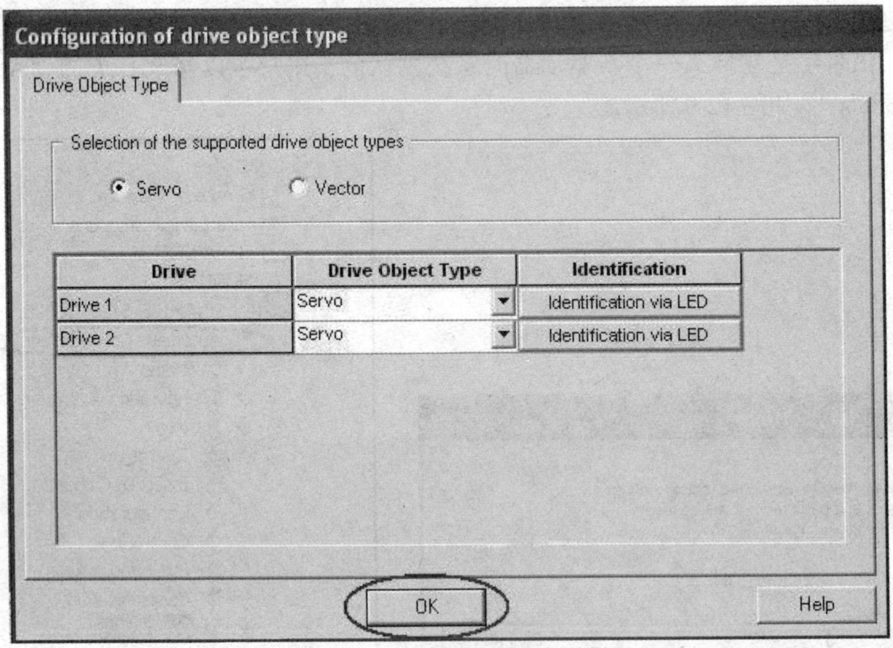

图 12-11　Drive Object Type 对话框

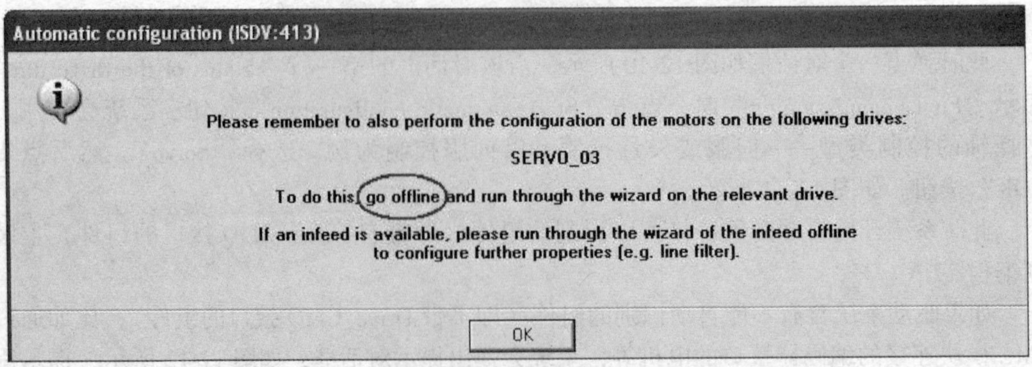

图 12-12　离线配置提示

点击"OK"进行确认。系统会提示自动配置结束，点击"Close"按钮确认，如图12-13 所示。

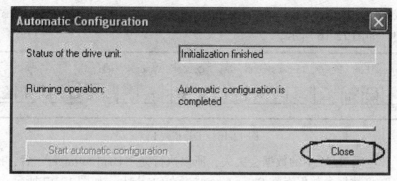

图 12-13　自动配置结束提示

在有些情况下，如果硬件系统的固件（Firmware）版本低的时候，第一次进行在线自动配置组件时，会先自动升级固件版本，升级时间比较长（3~4min）。

（7）离线，手动配置不带 Drive_CLiQ 接口的组件。点击工具栏内的"disconnect from target system"离线图标（在图 12-14 中用圆圈标出），将 Sinamics S120 与编程器断开连接。

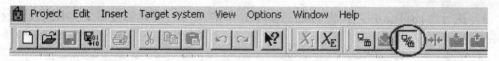

图 12-14　工具栏

根据（6）中的提示信息，在项目导航栏中找到要手动配置的组件，双击"Configuration"，然后在右侧的窗口中点击黄色按钮"Configure DDS…"（Drive Data Set），如图 12-15 所示。

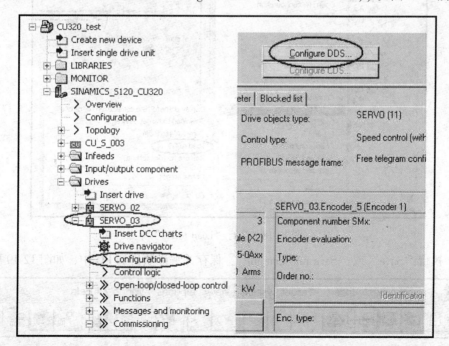

图 12-15　手动配置组件

此时系统将弹出对该驱动器的手动配置对话框。

（8）项目的下载与存储：

1）在线连接，执行"Load project to target device"将项目下载到 Sinamics S120 的存储器 RAM 中，如图 12-16 所示。

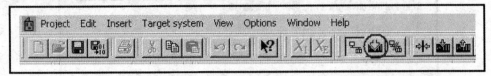

图 12-16 工具栏（1）

2）由于掉电后 RAM 中的数据会丢失，所以执行完"Load to target"后，执行"Copy RAM to ROM"将数据参数保存在 Sinamics S120 的 CF 卡上，如图 12-17 所示。

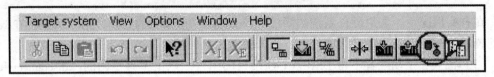

图 12-17 工具栏（2）

3）执行"Load to PG"，将 Sinamics S120 中的项目上载到编程器 PG 中的 RAM 中，如图 12-18 所示。

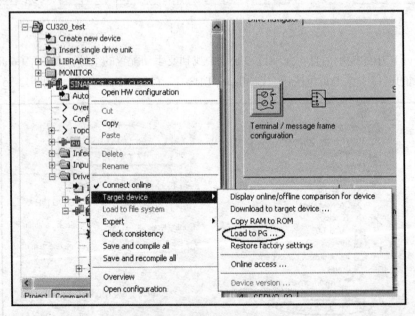

图 12-18 执行"Load to PG"

4）执行"Save"或"Save and compile"，保存并编译项目到 PG 中，如图 12-19 所示。

图 12-19 工具栏（3）

至此，在线创建项目的工作已经完成。对于项目的存储问题，需要注意以下两点：

（1）在线情况下，用户所看到的内容（如配置拓扑和参数等）都储存在控制单元 CU320 的动态内存 RAM 中，并没有储存在 CF 卡上或计算机的硬盘里。如果一旦系统断电，这些内容都会立即丢失，等下次上电时，系统会将 CF 卡中旧的数据读到 RAM 中，CF 卡上的数据是断电保持的。所以用户需要将新的内容拷贝到 CF 卡中，执行此项操作的命令是"Copy RAM to ROM"。

（2）如果还想把当前的内容存到计算机的硬盘中，就需要先执行"Load to PG"（或"Load all to PG"），将 RAM 区中的内容读到当前项目中。

12.3　S120 的基本调试

通过完成离线配置（或在线配置）之后，就可以应用 SCOUT 软件和外部扩展的装置对 S120 进行简单的调试，调试之前，先检查 S120 项目的拓扑结构是否与实际的硬件装置一致，如图 12-20 所示，其中不同的端口号分别代表不同组件的 Drive-CLiQ 接口。

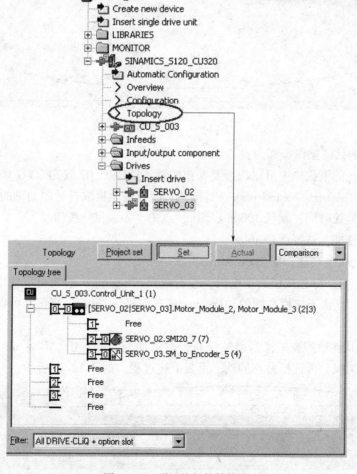

图 12-20　项目的拓扑结构图

12.3.1 控制面板（Control Panel）控制电机

在屏幕左侧的项目导航栏里选中 Control panel 控制面板，如图 12-21 所示。

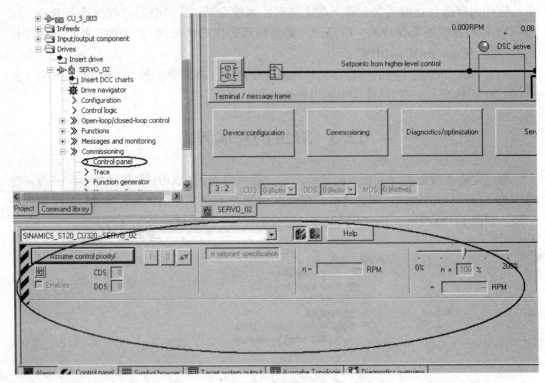

图 12-21 控制面板

控制面板的具体操作步骤为：

（1）在白色的下拉栏中可以选择要操作的轴，SERVO_02 或 SERVO_03；

（2）点击"Assume control priority"按钮，使控制面板取得对驱动轴的控制优先权；

（3）确认监控时间，默认 1000ms 即可，点击"Accept"按钮；

（4）将轴使能，选择"Enables"；

（5）设定 100% 转速，如 200r/min；

（6）点击"I"绿色按钮启动电机，左右拖拽"Scaling"滑块可以使电机在 0~200% 转速之间运转，点击下拉栏右侧的"Diagnostic view show/hide"按钮，可以看到驱动轴的更多信息；

（7）操作其他轴需要先将当前轴停止，取消使能，并点击"Give up control priority"按钮，放弃控制权，再选择另外的轴，重复上述过程。如图 12-22 所示。

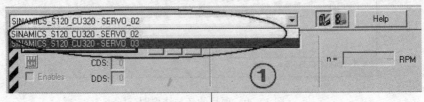

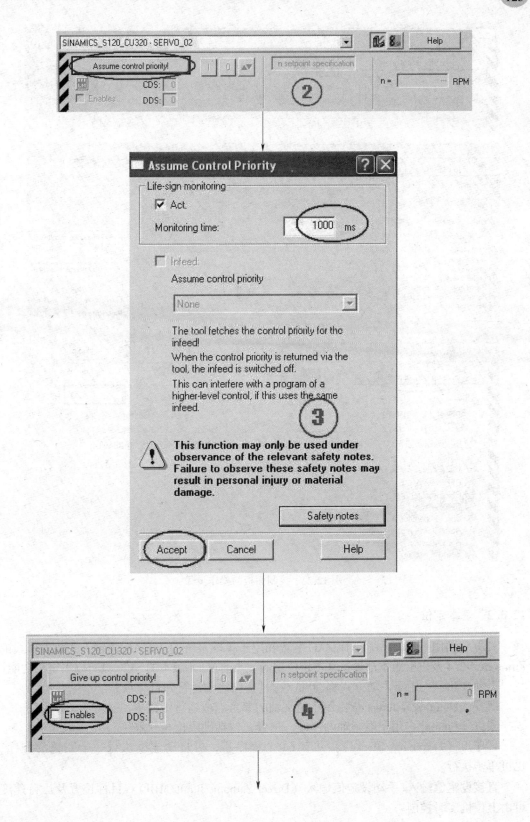

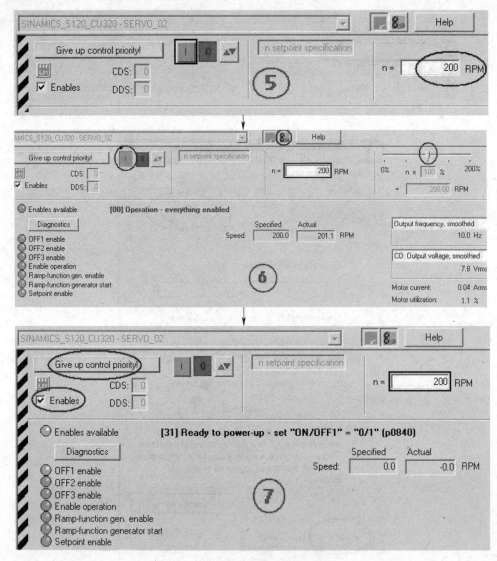

图 12-22   控制面板的操作步骤

12.3.2   基本定位

S120 包括用于多轴系统的 DC/AC 装置和用于单轴系统的 AC/AC 装置，这两种形式的
Firmware V2.4 及以上版本都具备基本定位功能。当前 V2.4 版本的 S120 具有以下定位功能：

点动（Jog）：用于手动方式移动轴，通过按钮使轴运行到目标点。

回零（Homing/Reference）：用于定义轴的参考点或运行中回零。

限位（Limits）：用于限制轴的速度、位置，包括硬限位与软限位。

程序步（Traversing Blocks）：共有 64 个程序步，可自动连续执行一个完整的程序，
也可单步执行。

直接设定值输入/手动设定值输入（Direct Setpoint Input/MDI）：目标位置及运行速度
可由上位机实时控制。

使用 S120 基本定位功能的前提：调试软件要为 Starter V4.0 或更高版本/SCOUT V4.0

或更高版本；硬件版本要为 SINAMICS FW V2.4 HF2 或更高版本；并且安装 SCOUT V4.0 需要 STEP 7 版本至少为 V5.3.3.1 以上。

12.3.3 激活基本定位功能

S120 的定位功能必须在变频器离线配置中激活，步骤如图 12-23 所示。

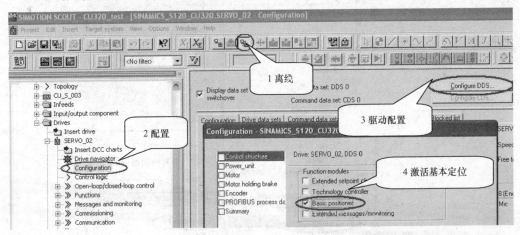

图 12-23 基本定位功能激活步骤

配置结束后：在线，连接驱动器；读参数 r108.3 = 1、r108.4 = 1（activated）表示定位功能已被激活；从左边的项目导航栏中可以找到 Technology/Basic positioner 和 Position control（见图 12-24）。

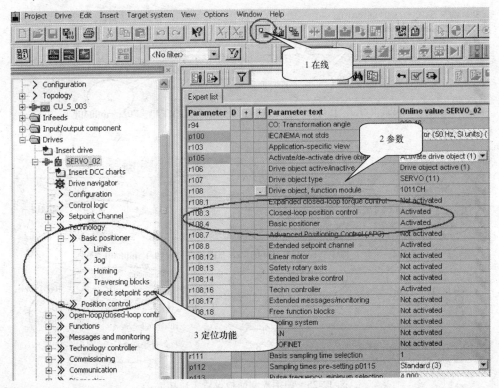

图 12-24 基本定位功能选项

定位功能激活后，可以使用软件上的控制面板（Control panel）或专家参数表（Expert list）进行设置。如图 12-25 所示，使用控制面板进行设置的操作步骤如下。

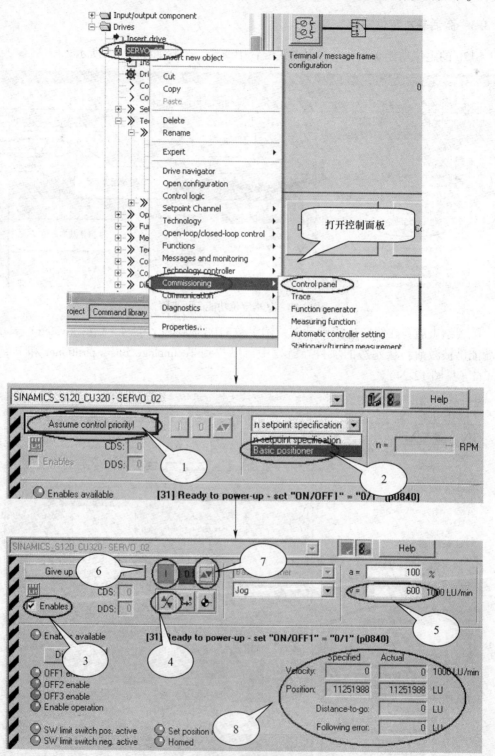

图 12-25　使用控制面板设置定位功能

（1）选择基本定位功能；

（2）取得控制权限；

（3）使能斜坡函数发生器、速度给定等条件；

（4）选择"点动"；

（5）设置点动速度、加速度；

（6）ON/OFF1 使能；

（7）点动运行；

（8）设定值/实时值监视。

综合训练任务书

设计题目1：模拟式电气传动控制系统设计

学生姓名			
课程名称	电力拖动自动控制系统课程设计	专业班级	
地　　点		起止时间	
设计内容及要求	1. 确定电机铭牌数据 2. 电机电枢回路总电阻、电机的机电时间常数测量 3. 直流调速系统固有参数的确定 4. 直流调速系统的简化和调节器参数的计算 5. 直流调速系统主要单元的调试 6. 单闭环直流调速系统的调试 7. 双闭环晶闸管流调速系统的调试 8. 系统最大超调量、调节时间的整定		
设计参数	电机额定转速　　1600r/min 电机额定电压　　220V 电机额定电流　　1.2A 电机额定功率　　185W 调速范围　　　　>10		
进度要求	1. 学生选题 2. 布置课题设计任务，讲解设计项目内容 3. 确定电机铭牌数据、电机电枢回路总电阻、电机的机电时间常数测量 4. 直流调速系统固有参数的确定 5. 直流调速系统的简化和调节器参数的计算 6. 直流调速系统主要单元的调试 7. 双闭环晶闸管流调速系统的调试 8. 设计报告	1 天 1 天 1 天 1 天 1 天 3 天 1 天 1 天	
参考资料	[1] 阮毅，陈伯时. 电力拖动自动控制系统-运动控制系统 [M]. 北京：机械工业出版社，2010. [2] 王兆安，黄俊. 电力电子技术 [M]. 北京：机械工业出版社，2009. [3] 胡寿松. 自动控制原理 [M]. 北京：科学出版社，2007.		
其他			

设计题目 2：基于触摸屏的直流调速器 6RA70 控制系统设计

学生姓名			
课程名称	电气传动控制系统设计	专业班级	
地　　点		起止时间	
设计内容及要求	1. 直流调速控制系统硬件设计 2. 网络系统设计 3. 变频器功能预置，参数设定 4. PLC 硬件组态及程序设计 5. 触摸屏组态及程序设计 6. 系统统调 7. 撰写设计报告		
设计参数	电机额定转速　2840r/min 电机额定频率　50Hz 电机额定电压　380V 电机额定功率　1.0kW 调速范围　　　>100		
进度要求	1. 变频调速控制系统硬件设计 2. 网络系统设计 3. 变频器功能预置，参数设定 4. PLC 硬件组态及程序设计 5. 触摸屏组态及程序设计 6. 系统统调 7. 设计成果检查 8. 撰写设计报告	1 天 1 天 1 天 1 天 1 天 2 天 1 天 2 天	
参考资料	［1］西门子公司. 6SE70 矢量控制使用大全：上、下册［M］. ［2］周建洪. 全数字控制直流驱动器及通用变频器［M］. 北京：电子工业出版社，2011. ［3］苏昆哲. 深入浅出西门子 WinCC V6［M］. 北京：北京航空航天大学出版社，2005. ［4］西门子公司. 深入浅出西门子人机界面［M］. 北京：北京航空航天大学出版社，2009.		
其他			

设计题目 3：基于 WinCC 的变频器 6SE70 调速控制系统设计

学生姓名				
课程名称	电气传动控制系统设计		专业班级	
地　　点			起止时间	
设计内容及要求	1. 变频调速控制系统硬件设计 2. 网络系统设计 3. 变频器功能预置，参数设定 4. PLC 硬件组态及程序设计 5. WinCC 组态及程序设计 6. 系统统调 7. 撰写设计报告			
设计参数	电机额定转速　　2840r/min 电机额定频率　　50Hz 电机额定电压　　380V 电机额定功率　　1.0kW 调速范围　　　　>100			
进度要求	1. 变频调速控制系统硬件设计 2. 网络系统设计 3. 变频器功能预置，参数设定 4. PLC 硬件组态及程序设计 5. WinCC 组态及程序设计 6. 系统统调 7. 设计成果检查 8. 撰写设计报告		1 天 1 天 1 天 1 天 1 天 2 天 1 天 2 天	
参考资料	[1] 西门子公司. 6SE70 矢量控制使用大全：上、下册 [M]. [2] 周建洪. 全数字控制直流驱动器及通用变频器 [M]. 北京：电子工业出版社，2011. [3] 苏昆哲. 深入浅出西门子 WinCC V6 [M]. 北京：北京航空航天大学出版社，2005. [4] 西门子公司. 深入浅出西门子人机界面 [M]. 北京：北京航空航天大学出版社，2009.			
其他				

附录　全数字系统整体设备

全数字系统整体设备，如附录图 1 所示。

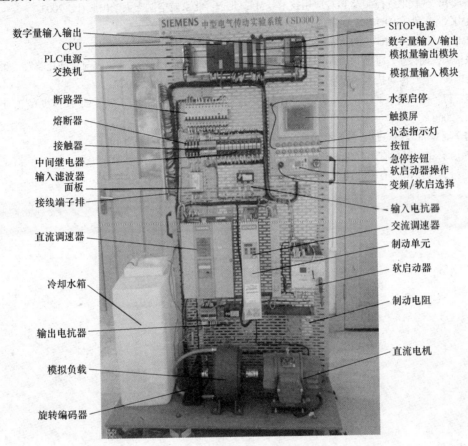

数字量输入输出
CPU
PLC电源
交换机

断路器
熔断器
接触器
中间继电器
输入滤波器
面板
接线端子排

直流调速器

冷却水箱

输出电抗器

模拟负载

旋转编码器

SITOP电源
数字量输入/输出
模拟量输出模块
模拟量输入模块

水泵启停
触摸屏
状态指示灯
按钮
急停按钮
软启动器操作
变频/软启选择

输入电抗器
交流调速器
制动单元
软启动器

制动电阻

直流电机

附录图 1　全数字系统整体设备

参 考 文 献

［1］陈伯时. 电力拖动自动控制系统（运动控制系统）［M］. 北京：机械工业出版社，2010.

［2］李鹏飞，宋乐鹏. 电气传动系统课程设计指导书［M］. 内部资料，2007.

［3］廖常初. S7-300/400 PLC 应用技术［M］. 北京：机械工业出版社，2005.

［4］王永华. 现代电气控制及 PLC 应用技术［M］. 北京：北京航空航天大学出版社，2003.

［5］SIMENS 公司. SIMOREG DC Master 6RA70 使用说明书，2010.

［6］SIMENS 公司. SIMOVERT Masterdrives 6SE70 使用说明书，2010.

［7］张松顺，谢汝生. 通过 PROFIBUS 协议实现变频器 PLC 控制［J］. 工业仪表与自动化装置，2001.

［8］娄国焕. 电气传动技术原理与应用［M］. 北京：中国电力出版社，2007.

［9］廖常初，陈晓东. 西门子人机界面（触摸屏）组态与应用技术［M］. 北京：机械工业出版社，2006.

［10］李军. WinCC 组态技巧与技术问答［M］. 北京：机械工业出版社，2013.

［11］西门子（中国）有限公司自动化与驱动集团. SINAMICS S120 入门手册，2008.

［12］西门子（中国）有限公司自动化与驱动集团. SINAMICS S120 调试手册，2010.